◎田中辰巳 著　◎楊鴻儒 譯

自序

為了在《週刊文藝春秋》雜誌上連載《企業危機管理備忘》，講談社的生活文化第三出版部向我打探「能不能寫一本給個人看的危機管理書？」

當初我覺得寫給個人看的危機管理書，恐怕有使資方陷入危機之虞，很傷腦筋，因為我怕失去身為企業顧問的信用，再加上很多人說我的文章太硬了，表現古板，所以很不放心寫單行本的長篇文章。

可是當我找客戶（資方）商量，對方卻笑著贊成說：「人家要你寫，你就寫啊！有什麼關係！這反而可以看出勞方的訊息，歡迎之至。」

後來我發覺個人的危機管理與企業的危機管理，其實有很多共同點，於是總算以口述的方式，寫成了這本書。

我要在此向一直耐心支援我的第三出版部同仁及作家島崎先生致謝。

這本書雖是以口述語調寫成平易的文章，不過，凡是在我接受諮詢時所遇過的難題，都已經包羅其中。我認為危機管理的秘訣，一言以蔽之，就是「不要自以為是，並且敏銳判讀社會環境或他人心情的變化，及早因應」，讀者們可以在本書中發現這個結論。

最後，希望所有讀者都能因本書的啟發，將個人所面臨的生涯危機化為轉機。

一九九九年　春

田中辰巳

化危機為轉機◎目　錄

Contents

化危機為轉機◎目　錄

Contents

Contents

化危機為轉機◎目　錄

Contents

第三章　容易遭遇危機的人

化危機為轉機◎目　錄

Contents

序章

個人危機管理的時代已來臨

個人層次的時代認識

泡沫經濟崩潰的後遺症

泡沫經濟的後遺症包括奢侈的生活，或投機取巧的毛病，奪走了腳踏實地努力的習慣。不管是搭計程車或上酒吧、俱樂部，「當時真好」的懷念泡沫經濟之聲不絕於耳。可見泡沫經濟崩潰的傷痕多麼深刻，而難以置信的事件也陸續發生。

進入自己服務的銀行搶劫的行員、欺騙盲人存戶並加以殺害的銀行行員、竊取受刑人存款的獄卒、偷走犯案證據現金的地檢處辦事員，以及侵佔村民基金的村公所收款員等，都是超乎想像之外的案件。

這些都不算什麼，最令人髮指的，是發生在和歌山的一連串砷毒案，要錢竟然要到向員工、熟人、丈夫及許多鄰居下手的惡毒程度，簡直是喪盡天良。雖然領到了鉅額保險金，卻因為食髓知味而一犯再犯，這應該都是泡沫經濟的嚴重後遺症。

可怕的是，眾人紛紛起而效尤，一九八五年發生碳酸飲料摻農藥事件時，一年內就有約四十件的連鎖犯罪，而這次的連鎖犯罪，竟在短短三個月的時間裡就發生三十件之多。

查明原因的工作，我們姑且交給犯罪學家，但是對如今這種時代的深刻認知卻是相當重要的。

現在，是一個危機的時代。沒有一個時代像現在一樣，包括國家危機、經濟危機、企業危機及個人危機等用詞如此引來迫切感，而被大書特書。

但相對於危機，警覺危機的說法也甚囂塵上，如果要問每個人對危機有任何心理準備，可以說是少之又少，也就是說任由危機自行發展，我們卻無可奈何。

例如在報紙上成為熱門話題的「緊縮貸款」，每天一打開報紙，就可以看到「緊縮貸款」斗大的標題，企業倒閉成為不足為奇的家常便飯。

一名在「終身僱用」的前提下，深信可以安心工作直到退休為止的上班族，看到了「倒閉」的新聞報導，應該要能聯想到「說不定自己的公司有一天也會『緊縮貸款』，引發最不好的情況」等，遺憾的是有許多上班族硬是不肯面對現實。

小心翼翼地精讀報章雜誌、進行研究的上班族可以說絕無僅有。也就是說，雖然企業的倒閉成為熱門話題，但仍有許多人隔岸觀火，自忖不關己事，不願採取具體行動，如此輕忽危機管理的上班族真是太多了。

銀行、企業間信任關係惡化

一九九八年十月，新聞報導說由於某家大都市銀行對經營黑字的公司緊縮貸款，結果導致該公司倒閉。

現在假設這家公司是A公司。

根據新聞報導，A公司向來都是向F銀行借款，想不到有一次卻延遲償還，這就是悲劇的開始。F銀行竟突然從該公司的短期存款回收該銀行所融資的存款，結果存款當然不足，開出的支票無法兌現，A公司自然就跳票了。

雖然雙方各說各話，立場對立，但A公司主張「F銀行曾同意延後償還」，擺出即使對簿公堂也在所不惜的姿態。

A公司在一九九八年三月底的決算是黑字，所以員工們都認為「我們公司都是黑字，絕對沒問題！」雖然如此，還是陷入緊急狀態中。

如果換成以前的時代，這樣的事情絕對不會發生，但進入一九九八年後，緊縮貸款卻成為銀行的最高命題。

報紙也報導，金融業這幾年來因為泡沫經濟崩潰而引起呆帳問題，現在更因為不景氣而使企業業績惡化，導致呆帳天天增加。

當然，不是因為泡沫經濟崩潰才變成呆帳，原因是在於不景氣。許多公司的業績不佳，無法支付貸款利息，本金也無法償還，這些呆帳與日俱增，使局面一發不可收拾。

當大家都在喧嚷泡沫經濟崩潰的時期，每家企業都隱匿呆帳，而陷入實情不明的狀態，當時是因「不明」而吵，但現在卻是因為真相大白才吵，所以影響更大。

在過去，銀行與企業之間，總有最低限度的信任關係，但如今兩者的關係卻急遽惡化，信任關係逐漸消失，甚至可以說已經消失了。

尤其是企業對於銀行更存有強烈的不信任感，不像以前，每家公司都有主要的往來銀行，銀行展現泱泱大度，如果企業有困難，他們會為你設法，如此美好的景況已不復存在，使得企業戰戰兢兢，不知如何自處。經營者害怕他們的主要往來銀行隨時會翻臉不認人，於是便隱瞞不良的資訊，結果使銀行也對企業不信任，導致雙方都不安，陷入疑神疑鬼、惡性循環的狀態中。

截然不同的財經結構

這個話題的規模雖然大了一點，但日本的財經界與美國等其他國家不同，他們一向不採取從股市調度資金來營運事業的方法，大部分的營運事業資金，都是向銀行借貸來的。這種借貸的基礎，是以不動產為根基。

在美國，想要創立新公司，必須縝密構思富有魅力的發展計畫，再持這份發展計畫書向銀行貸款，或是向投資人募集資金。

但日本就稍微不同了。他們會以「我有這些不動產，我要以此做為擔保來貸款」的方式向銀行申請貸款，做為資金的來源。

美國與日本在結構上有如此懸殊的差異，也就是說，對日本的企業家而言，與銀行的信任關係，要比與投資人的關係更加重要。如此的經濟制度，建立於第二次世界大戰後。

戰後，日本從美國引進各種制度，發展股票市場，完成日本獨特的架構，因為缺少從股市吸收資本的做法，所以日本企業當然忽略了對股東的分紅。

在美國，如果沒有拚命討好股東，就無法調度資金，但在日本卻未必盡然，所以才被說成「日本的股市根本沒有股東」。結果在股東大會中，即使股東拚命爭取股權，卻產生企業當局召集員工，以「議事進行」、「無異議」的方式來抹殺股東聲音的日本特有做法，這在美國人看來，簡直不可思議。

此外，最近限制買空賣空的新聞也成為熱門話題。

持股基本上就是買入實際的股票，但買入實際的股票如果還不過癮，還有一種叫做信用購買的方法。如果你有相當於一千萬日圓的股票時，就可以利用信用購買的方式買入金額相當的股票，勉強一點，還可以買更多。

先有信用購買的制度，而後才產生信用銷售的制度，這種制度就是以你手中的股票做為擔保（信用），即使手上沒有那部分的股票，還是可以出售，等於是出售空頭股票。

例如你現在向仲介人放出風聲：「我要賣兩百日圓的A銀行股票」，到結算為止的半年內，假設A銀行的股票跌為一百日圓，你才實際出手買進股票，就可以得到一百日圓的利潤（capital gain）。

現在以兩百日圓的A銀行股票漲為三百日圓的可能性，與長銀（日本長期信用銀行）的股價跌為一百日圓的可能性下賭注，看看何者的可能性高。以目前的景氣考量，貶值的可能性顯然較高，所以人人汲汲於信用銷售，之後由於政府認為此風不可長，才推出直接限制的政策。但世界上哪有這樣的股市，不能信用銷售，只能信用購買，也就是猜拳時不能出剪刀，只能出石頭和布，簡直說不過去嘛！

又例如政府在股市引進公家資金穩定股價的干預政策也是相同的道理。政府竟然也加入猜拳的一方，真是太不公平了，可是政府不加深思，仍然一意孤行。

既然政府的政策如此令人無法信任，投資人對於股市的不信任感也不斷升高，使股價一跌再跌，而且政府的手法也不夠乾淨俐落：政府的財經發言人公開宣布要「支撐股價到三月底」，企圖趕上企業的三月底決算，使得投資人紛紛認為「一定要在三月底前將股票脫手」，如此一來三月底的股價不下跌才怪。

反之，如果改口說「支撐股價到六月底」，或許三月底的股價就會上揚。連這麼簡單的道理都不懂，在在證明了股市這東西雖是從美國借來的，卻完全變了調。

仿效美規破綻盡現

戰後的日本，不論是法律、政治或資本主義社會，全部都是引進美國的制度加以模仿，但一種制度必須經過長時間的考驗、不斷地克服失敗，才能成為真正有血有肉的制度，但因為日本在這方面的歷史尚淺，雖然模仿了外型，卻未能吸收精神及思想的神髓，搞得現在漏洞百出、破綻盡現，必須用OK繃來東貼貼、西補補。

同樣的情形也發生在司法上，如今司法架構也被嚴加指責，政治上也一樣。

在戰後五十年內，誕生了二十五位總理大臣，光是平成年間（一九八八～一九九九年）就佔了其中的九人，平均每年要換一位總理大臣，這就是政界混沌不明的證據，導致如今竟找不到真正具有政治智慧的戰略家。這一切都是借來的東西運作了五十年之後，破綻盡現的結果。

安全標準的改變

話說回來，在如此的時代背景中，竟陷入了企業與銀行信任關係受損的最可怕狀態。雖然如此，卻沒有人肯以相關數據資料來判斷自己公司的經營狀態。

如果有人問起，你能回答自己公司的自我資本率或流動比率嗎？

過去數十年來，日本的企業家是以「固定比率高才好」的想法來經營企業，也就是說，成為固定資產中心的是不動產，這就是日本的金融以土地做為營運基礎的結果。

但現以流動比率，即流動資產的多少，成為判斷資金調度成功與否的指標。在流動資產中最明顯的就是存款、現金。到底有多少現金，成為自己公司流動性高低的判斷材料之一。此外，要判斷如此的流動性，不能以瞬間「風速」，而是以這幾年來發生的變化做為量尺，是非常重要的。

我們姑且以流通業界的雙霸|大榮與伊藤洋行相比，一方的大榮，為了購買土地建立店鋪而四處奔波，另一方的伊藤洋行，卻是以租來的店面為中心發展店鋪，結果大榮經營不善，甚至陷入非撤換董事長不可的嚴重情況，相較之下，伊藤洋行則被評為在不景氣中，仍然具有高度穩定性的企業。看了兩家公司的股價，其間差異一目了然。

所以必須先知道自己公司的流動比率，如果連流動比率都不清楚，自己的公司像先前所說的A公司一樣，因為資金調度受阻而引發跳票的事情遲早會發生，等到發生這樣的情況再來慌張，只能說為時已晚。

其實，要探知流動比率並不難，從決算數字就可以簡單計算出來，即使不是股票上市公司，只要參加員工持股會，還是可以得到資訊。

當然，單靠流動比率也無法做出正確的判斷，但我想強調的是，我真不敢相信有人會有連流動比率都不看的鴕鳥心態，這就像是要前往下雪的地方，竟然不檢查輪胎或準備防滑鐵鍊就出發的司機一樣。

銀行、企業間互助制度的消失

你相信以下的事實嗎?竟然有不看交易對象資產負債表的營業員或業務經理!

在目前這個時代，應收款項隨時有全部泡湯的可能，即使大批交貨後或工程已經動工了，還是會發生收不到錢的事。而在不景氣的現在，如果發生這樣的錯誤，必定會被公司炒魷魚，即使不被革職，也要承受周遭同事無情的打擊。因此，今天的上班族，每天的工作都背負著風險，然而即使如此，會認真看清楚交易對象資產負債表的上班族還是佔極少數。

在過去，因為有主要往來銀行竭盡心力的呵護，日本企業不會輕言倒閉，這叫做「護送船隊」的方式，不只是銀行如此，整個產業界也都採取同樣的方式，甚至企業或銀行之間也都交換持股，建立互助制度。

這樣的制度不只存在於企業中，也滲透到工作階層的員工身上。結果，日本被說成是資本社會主義，標榜社會主義色彩濃厚的自由主義、資本主義。因此，在某一種定義上，日本的一億人口，人人都是公務員，根本無法培養出看資產負債表或流動比率的習慣，大家根本不屑一顧。

缺少危機感的危險

日本原本就是個危機感非常薄弱的國家。但是，現在已經不再是「日本第一（Japan as Number One）」的時代了，如果還保有與過去相同的心態，等於是自動跳入危機中而不知。

我要再三強調，現在已經衝入了無止境的不景氣中，換成是在穩定成長的時代，根本不必考慮轉業，但身處今天這樣不確定的年代，為了保護家人及生活，絕對有考慮轉業的必要，非以果決的行動迴避自己的危機不可。不過，即使是非常危險的時代已經迫在眉睫，不論在意識或行動上，仍有許多上班族依然故我，不肯改變。雖然令人遺憾，這卻是現狀。

以山一證券為例，當山一自動宣布倒閉時，員工們口口聲聲叫嚷著「不可能」，在我看來，卻認為能將「不可能」這句話掛在嘴邊，並且感到安心的員工才是真的「不可能」。

這和沒有發現妻子外遇的丈夫是一樣的，不知道妻子紅杏出牆的你也有一份責任。雖然先前的例子出現過許多徵兆，但員工們人人心想「反正薪水按月匯入戶頭，應該沒有問題」，根本不把危機感放在心上，即使周圍的人紛紛喊著「危險，危險」，但員工們仍然不當一回事，認為「不可能」。

直到一九九八年，企業如骨牌般接連倒閉，看到這類報導，員工們還詫異地說「不可能」，簡直是不可思議。

有一天，我在高爾夫球場遇到一群來參加球賽的銀行文宣人員。令我吃驚的是，他們為了自己的享受，全都租了高級轎車。

我利用午餐時間，問他們：「業績如何？」對方個個回答：「以我們銀行來說，絕對沒問題！」我想這種感覺真是太誇張了，甚至連股票跌停板的銀行文宣人員也回答「沒問題」。

我一開始聽到他們這麼說，心想他們或許是不願引發周圍的不安心理，才會這麼說，但等到我要離開高爾夫球場回家時，卻看到俱樂部大門口一字排開黑亮亮的高級轎車及公司車，這才知道原來他們真的以為「沒問題」。在這不景氣的時期，文宣職員乘坐高級轎車，這不是「性格」是什麼，真是嚇人！

當然，文宣職員可能也有話要說，或許他們心裏認為「為了維持形象以及對外信用，以往的排場不可少」。但既然他們用的是公家資金，等於是拿人民的血汗錢，總不能對人民的感受視若無睹，而且向人借錢的人比借錢給人的人更揮霍、更奢侈，這像話嗎？

再說，針對銀行經營的本身而言，固然以現在的瞬間風速可以說沒問題，但仔細觀察時代潮流，絕對沒有使人百分之百安心的條件。

因此，這些人務必正確認清時代潮流，預先探知從天而降的危機，謀求正確的預防對策。

最後，有一件事好像是這些銀行文宣職員沒有發現的：萬一銀行遭遇「不測」，沒有人會肯助他們一臂之力，幫助這些明目張膽乘坐高級轎車的人，因為你無法僱用、甚至介紹這些缺少危機意識的人給別人。不要忘了，日常的行動正是危機管理的一環。

（本書並不是專為企業的危機處理人員所寫，而是定位在個人層次的危機管理。此外，為了故事情節的需要，將以平易的用詞，並反覆地說明重要的部分，以期能加深讀者印象。）

第二章

面臨工作上的危機時

不動聲色的企業再造威脅

現在最流行的話題，就是企業再造，各家公司顯然都已開始企業再造了。「企業再造」原本是指重整事業或重整事業單位，但最近衍生出為了減少過於膨脹的人事費用負擔，而從裁員著手的做法。

公司的人事費用負擔是大是小，應該靠附加價值勞動生產力或勞動分配率的數字來判斷，可見企業的經營者並不是茫然地計算員工的人數來判斷「人太多、人太少」，而是依據數字來推測。

即使員工的人數沒有增加，但人事費用仍然會隨著員工平均年齡的升高，或主管人數的增加而增大。以前採取年資輩份、終身僱用制度的日本企業，一向根據工作年數，而不靠實力來為員工調薪，所以不論多麼迴避錄取新員工，只要員工平均年齡升高，人事費用自然增加。因此，才有即使員工人數不變，但勞動分配率卻充分惡化的可能。

經營者看著經營的指標，判斷人事費用太高，就會開始考慮裁員，所以上班族為了透視自己與公司的將來，務必掌握公司的人事費用負擔、勞動分配率，瞭解公司到底處於何種狀態。

但對於置身高度成長期的上班族來說，掌握勞動分配率的數字根本是緣木求魚。首先，因為根本沒有探知公司數字的意識，拜此之賜，所以完全沒有發現公司裁員的計畫，結果某天突然被高層派人在耳邊說「要不要選擇提早退休」或「要不要自立門戶」時，才有如晴天霹靂般無法接受。

某公司（以下稱為B公司）在一九九七年度，創下了史無前例的一千億日圓左右的經常利潤，但預估一九九八年度會降到七百億日圓左右，就從發現經常利潤會下降的那一刻起，B公司著手準備裁員。

雖然經常利潤是下降的，但依舊高達七百億日圓的利潤數字，客觀來看，根本沒有裁員的必要，不過即使如此，B公司仍然開始大幅裁員。

其理由是——沈重的借貸。原來B公司一肩挑起子公司的借貸，債務金額已經高達一兆五千億日圓。本身就有將近一兆日圓借貸的B公司，最害怕的莫過於隨著業績逐漸萎縮，借貸的利息會相對提高。

這和「白領金庫」（專門借款給上班族的金融機構）的利息比銀行高是一樣的，與無擔保融資比有擔保融資利息高的道理相同，借貸高達一兆日圓的危機企業，一旦業績萎縮，必然會導致借貸利息的上升。

銀行對於企業是有分級的，其等級以S、A、A、B的記號表示，基本上，對於層級高的企業，銀行有願意給予低利貸款的架構，換言之，層級低的企業，如果借款利率過高，會更加難以調度資金。

擔負起將近一兆日圓的負債，萬一業績不振，層級會向下降，借貸的利息負擔會加重許多。根據這樣的理由，B公司才會拚命想創造利潤，而想藉由裁員來謀求營運的效率化。

另一方面，也有人說B公司有意將股票上市，正在籌備當中。一方是被裁撤的員工生活費沒有著落，另一方卻是留下來的員工還可得到股票公開的利益，未免太不公平了。

而且B公司也忘了一件事：企業的資源不單只是金錢，對公司而言，員工的士氣也和金錢一樣，是公司非常重要的資源，B公司尚未發覺如此的裁員，已經大幅降低了員工的士氣。

「我要求你今後自立門戶，當公司外圍的智囊團成員，工作內容與現在相同，為期兩年，兩年時間一到，你可以選擇要改為承包其他公司的工作，或繼續承攬本公司的工作。」

一旦公司提出這樣的條件，身為上班族的人沒有拒絕的理由。當然，在法律上，即使主管拍肩耳語，也沒有辭職的必要，但企業有的是人事異動、人事待遇的報復手段。

攻守策略——了解公司當局拍肩耳語、略施小惠的目的

實際上，我就認識被告知與以上相同說法的B公司員工。

凡是身為上班族，任何人都有想在公司中獲致成功的強烈意願，一旦被拍肩膀，當然會心想「我出人頭地的機會已經到了盡頭，在公司中的成功之道就此告終。」

於是乎，很自然的就會這樣想「既然如此，乾脆離開公司，還來得及東山再起，也是不錯的。」心裡有這樣的想法，公司主管又適時在耳邊細語勸你自立門

戶，想不辭職都難。

更何況B公司有提早退職制度，願意退職者可以領到三千萬日圓的退職金，所以主管才會以「要不要以此為資金自立門戶？」作為誘餌引你入甕。但所謂三千萬日圓的退職金，對於該公司的員工而言，只不過是區區兩年份的薪水而已，所以務必詳細考慮要不要聽從公司的勸告而自立。

我看業績的確是有點下滑，但聽說在業界中還算不錯，只是不知道公司會不會開始裁員？能否預測公司裁員的實況？

攻守策略——洞悉公司裁員的動機

裁員已經不是別人家的事，對於上班族而言，裁員算是特大號的危機，各位無不置身於「即使公司安泰，身為上班族的你也不能說自己安泰」的社會。以下要說明的是如何避免再次成為裁員對象的應變方式，為此，首先要掌握裁員的實際情況。

簡言之，同樣是裁員，動機也因企業而有所不同，現在將它們粗分為二：一種是業績滑落到了絕望的程度而必須裁員，避免經營出現破綻〈純粹型〉；另一種是雖然業績滑落，仍然保有社會的一般水準，只是因為對於「將來的不安與憂慮」的被害妄想，而想搭裁員的便車〈便車型〉。

所以一開始時要看清楚你的公司是〈純粹型〉或〈便車型〉。具體的分辨方法有以下四個要點：

1是否停止採用畢業或中途招聘等的新進人員？

2有無廢止工讀生或政府保障名額等的支援型勞動者的僱用？

3有無自行削減董監事或主管的報酬或津貼？

4有無徵召自願退職者？

在上述四點中，符合愈多的，就是〈純粹型〉，符合愈少的，就是〈便車型〉。

此外，也要注意〈純粹型〉與〈便車型〉在裁員過程中的不同。〈純粹型〉必須經過派駐關係企業、調動→募集自願退職者→整理後加以解僱，透過迴避策略

〈不得罪員工〉達成解僱目的。

〈便車型〉則是透過無理的刺探異動意願→無理的刺探轉調相關單位意願→刺探自立或承包契約的意願，一概不使用解僱的字眼，促使員工自動退職。

各位讀者一聽到自動退職，也許會想「在這不景氣的時局，怎麼可以輕言退職？」這一點當然因年齡或在公司內的處境而異，不過，幾乎所有的人都會退職，換成是你，也可能陷入相同的心境，理由可分為以下兩項：

一種多見於年輕員工：他們會想若不惜與公司對立而留了下來，將來出人頭地就沒有指望了，搞不好一輩子坐冷板凳都有可能，年齡愈輕，愈可能孤注一擲去開拓新天地。

另一個理由則多見於資深員工：由於他們愛公司的心會因為覺得被公司背叛而感到憤慨不已，因此立刻拂袖而去，毫不考慮將來就離開的人很多，甚至有人會在盛怒之下，將辭呈往桌上一摔，說「自尊心深深受傷」而離開公司。遇到〈便車型〉的個案，當然有可能拒絕被裁員，但前提是要有與公司「對立」的覺悟。

雖然各家公司的工作規則或工會協定不盡相同，但如果是家有重病患者，收到調動命令時，視你如何與人事部門交涉，有時公司也會收回成命。

至於外派或轉調，在待遇方面相差太大時，也有充分爭取的餘地，像是被解僱的僵局，除了被撤職之外，也有可能以「不當解僱」而訴諸勞委會。在此之前，先找公司內外的工會商談也是有效的方法。

公司在去年度已經算出前所未有的最高經常利潤，但今年度卻有下降的預估，結果開始大幅削減員工。我會不會成為裁員的對象？人人都無法隱藏心中的不安。到底什麼樣的員工容易受到退職勸告？

攻守策略——不要讓自己成為「不適任」員工

那麼，什麼樣的人在眾多的員工中會成為被裁員的對象？雖然〈純粹型〉與〈便車型〉稍有不同，不過兩者的共通對象即是符合如下條件的員工：

- 薪水與附加價值（存在價值）不相襯的員工。
- 硬是不肯接受轉調或職務調動，難以役使的員工。

如果是〈純粹型〉，還要加上以下的項目：

●沒有其他單位肯收容，遲遲不肯離開經營不善的單位直到最後的小員工。

●退職後有家業可以繼承，沒有失業之虞的員工。

換成是〈便車型〉，就要加上以下的項目：

●對於目前的經營體制有不平與不滿的員工。

例如前一體制殘留的餘黨，或企業內的自由主義者、反體制分子。

●會使目前的經營體制感到不安的員工。

例如對於公司的醜事或弊端有一知半解的幹部，或無恥地背叛前一體制的幹部，以及與現在的經營陣容分子爭奪權力敗下陣來的幹部。

●一再拒絕使用電子通訊或個人電腦管理的舊型員工。

在最近一次的公司異動中，比我資淺的傢伙卻成了我的上司，他看來似乎不好意思派給我工作，遣詞用句也小心翼翼，彼此之間愈來愈難適應對方。如果我主動要求調到其他部門，他會不會以為「不願在我的手下工作？」而為自己樹立敵人？

攻守策略——不要輕忽公司重組人事的用意

說來毫無道理，如果說被勸退職者的能力比未被要求退職者差勁許多，也未必盡然，走不走運可能才是最主要的原因。在這其中，主宰員工命運的上司，當他在評論另一個人時，會牽涉到「投不投緣」這種數字難以解釋的感情。所以誰是你的上司，就左右了你的幸與不幸。

我在幾家公司做過八年的人事工作，如果說「人事上的幸與不幸佔了六成的比例」也不為過。因公司常有意地操縱幸或不幸的個案，並據以做為裁員的一環，來實施不幸的人事。

裁員的風暴即將發生時

我總覺得公司固然口口聲聲表示以個人業績作為考核標準，但在人際關係依舊受重視的情況下，過於炫耀自己的功勞似乎也非上策。雖然如此，卻也不甘心拍上司的馬屁。那麼，我該怎麼做才能保護自己呢？

攻守策略——尋求職務上的後盾

最有效的對策，就是在目前的經營陣容中，找出強而有力的後盾，也就是說，你要旗幟鮮明地表態哪個人是你的老大。

並不是說要你諂媚迎合權力，而是旗幟鮮明地表態你贊同某人的想法。首先，要與這個人好好溝通，深入了解這個人的處事理念，再據此行動，不要辜負他的期望。也就是說，雖然工作的方式有十幾二十種，只要在心中認定某人是老大，他具有敏銳的判斷力，可以發揮出色的實務能力，那麼你就很有可能會承襲這個人的想法，在自己的部門中採用他的方式，並向你心目中的老大明確地表明，這樣的做法就是尋求後盾的一環。

後盾不限於目前的經營陣容，對於經營陣容有影響力的公司外人士，例如大顧客、監督的公家機構或工會幹部也都包括在內。舉例來說，日本以美日安保條約旗幟鮮明地表態與美國一體同心，所以沒有國家膽敢攻擊日本。因為一旦日本受到攻擊，美國的面子顯然會掛不住，而採取報復手段。對於危機的處理手法，尋求後盾可以說是緊急避難的措施。

倘若找不到後盾，雖然剩下的是非常手段，不過，手中握有會使經營陣容感到驚愕的情報或證據，應該可以避免「便車型」的裁員。

但真正理想的做法，還是擁有一技之長，或值得誇耀的人脈，成為在公司中不可或缺的員工。

誰都可以看出公司業績陷入谷底，裁員已勢在必行。在判斷出這種情況的時候，為了保護自己或家人，維持今後的生活，必須具備哪些心得呢？

攻守策略——採取最低限度的防衛

不論如何講求對策，或是多麼優秀的菁英，在這種不景氣的局面，仍有可能碰上難以避免的裁員風暴。所以必須將可能成為裁員對象的注意事項，放入自己的備忘錄中，也就是考慮接下來的生活中，最低限度的防衛。

第一項就是感覺公司有倒閉的危險時，要保全員工持股的股份、公司內存款很重要。很多公司都將它們寄存在信託銀行，所以還算安全，不過也有公司會以它們做為貸款擔保，一旦發生狀況，放款機構會優先使用於擔保權、稅款及公共費用，這點必須注意。

第二項要注意的是退職理由。退職分為自願退職及撤職，考慮到轉業，自願退職當然有利多了。因為被公司撤職，難免會被外界解釋為這個公司「不要你」，退職理由的重要性可想而知。

第三個注意事項是關於失業保險。如果是自願退職的話，你的失業給付金必須在申請手續後經過三個月又一週才能領到，但換成被撤職時，申請一週後就可以領到了，這一點有了解的必要。萬一你有「以失業給付金做為生活費」的想法，更是要考慮周全。因為，如果手續大幅延遲，有時可能無法領到全額給付金。

切勿一廂情願地放心認為失業保險與自己無緣，確實掌握給付期限等，才能安心踏出下一步。

凡是公司派給我的工作配額，我都順利達成，想不到現在所屬的部門因為生產力過低，而在公司內評價不佳。為了趁早調離業績評價不佳的差勁部門，我該怎麼辦?

攻守策略——預擬自行異動計畫表

只有這一點是可以肯定的，如果想避免被裁員，就要確實掌握自己所屬事業部門的業績，假使業績不佳，務必自己想辦法調離。

在企業內，生產力低的部門一定比生產力高的部門容易成為裁員的對象，這是理所當然的。在一個企業中，必定有不佳的部門和業績佳的部門，不論個人能力多出色，就因為置身於差勁的部門，因而在業績上無法得到公平的評估，這種人當然也會成為裁員的對象。

因此，敏銳察覺自己所處的狀況，自己想辦法調離，才是最好的自衛手段。

遇到這種情況，許多上班族容易自行提出「請調」，但這是最等而下之的做法，這種方法絕對用不得。考慮到人際關係及心理狀態，由部外的人拉你一把的人事異動，才是唯一的方法。

首先要決定你想調往的部門，由自己展開行動，設法與這個部門的負責人打交道，至於交往的方式，只要是行得通的方法都可以運用，包括參加那位負責人也是會員之一的公司內部釣魚俱樂部。如果這個人喜歡麻將，就成為麻將同好，如果是愛酒之人，就刻意勤跑這個人也是常客的小酒館，想辦法經常碰面，總之，就是要在你想調往的部門中結交到親密的人。

此外，主動為這個人介紹顧客，對於他的事業部門有所貢獻也是方法之一，務必使這位負責人說出「我要那個傢伙」，站在不會替自己樹立任何敵人的觀點上，這是最圓滿的方法。

老實說，在平時根本沒有這麼做的必要，因為這樣的行為會被視為趨炎附勢，但現在已到非如此做不可的地步了，雖然是為了保全自身，卻會令人不敢苟同你的做法。不過你要謹記在心，在這個非常時期，即使不擇手段，也要達成目的。

到目前為止，我都很熱愛公司，也想就這麼一直苦幹實幹下去，但如今一向被視為優良企業的其他公司也「不可能」地倒閉了，說不定明天就輪到我們了，難道我該趁早找到可以再就業的公司嗎？

攻守策略——面對現實正視問題

你有沒有看過報章雜誌上增額錄取的求才廣告？說來奇怪，轉業的可能性俯拾皆是，卻有很多人根本不看求才廣告，這是什麼原因呢？

最低限度，你應該要知道這些行情：以我的年齡來看，社會上對我這樣的人到底有多少需求？以我的條件到人力銀行，身價會有多高？

但大部分的上班族都認為「求才廣告與我無關」而不屑一顧，還深信裁員是別人家的事。不過，其中難免也有人會有「我不應該只領這樣的薪水」或「應該得到更好的評價」的想法，認為公司虧待自己是毫無道理的。根據這些理由，偶爾也會看一下求才廣告。

有時遇到獵頭族在你耳邊灌迷湯說：「像你這麼優秀的人才，到其他公司保證會有更豐厚的薪水。」這類甜言蜜語時，真是令人心動，然而實際採取行動後，才發現根本不是這麼一回事。

總之，置身於這個時代，身為上班族，不論是誰，都有被裁員的可能性，求才廣告或就業雜誌都要過目，認識自己的行情是有必要的。可惜日本的上班族大多沒有這樣做，因此，當北海道拓殖銀行或山一證券出了問題，使許多員工落得流落街頭，只有少數的聰明人提早轉業。

在轉業社會的美國，認清自己的身價，被視為是上班族應該具備的常識，但長期採取終身僱用制度的日本，仍把「船沈了，最先逃走的是老鼠」的格言奉為圭臬，認為不仿效老鼠才是堂堂正正的人，竟佔了壓倒性的多數。稍早之前，轉業在這個國家被視為罪大惡極之事，他們因公忘私，認為從自己奉獻的公司第一個逃走「像什麼話」。可是時代在變，我認為如果別人罵你臨陣脫逃，就任由他去罵吧！必須考慮明哲保身的時代已經來臨了，因為這是為你鍾愛的家人所應負起的責任。

根據人類的心理，尤其是考量到日本人的個性，認為「武士不露餓相」，無所事事的情況是最輕鬆的，一旦要採取行動，就必須面對現實。因為面對現實是一件很可怕的事，對於討厭的事，總是能拖就拖，甚至只是拖一分鐘也好。所以才會找對自己有利的格言當護身符逃避現實。

但在這個緊要關頭，怎容你說出如此悠哉的話呢？你想一想家人的臉孔，只要腦中浮現孩子與妻子的面容，怎麼能夠逃避！千萬別忘了，企業方面早就已經放棄終身僱用制了。

被迫自立門戶時

攻守策略——掌握確切經費再自立

首先，要注意所有的經費都必須自行張羅，對這一點要有明白的認識。以開始大幅削減員工，動用早期退職制度的B公司而言，的確，薪水與改做承包工作的收入是相同的，但包括交際費在內，所有的經費都要自行負責。包括電話費、文具用品費、交通費及通訊費用等，還有負擔龐大的健康保險，也必須自行投保，如果組成了公司，還要自己支付個人與公司雙方的費用。

有些人輕易地認為：我在公司的年收入有一千萬日圓，如今自立了，也是領取與公司年收入相同的金額，但這是過於天真的想法。常聽到離開公司自行創業的人說，如果沒有上班族時兩倍以上的收入，就無法過關，意味著自行創業需要極龐大的經費。

所以務必確實掌握必要的經費再自立，否則後果將會慘不忍睹。因此，在答應自立之前，必須與對方交涉應負責多少經費。但大部分的人在尚未完成這項前置作業前，就天真地自立了，到頭來很可能得不償失、一敗塗地。

我將自立的想法向一位關係企業的好友吐露，對方告訴我說：「既然如此，我就把工作發包給你好了。」我想有他這句話，就可以訂定自立的事業計畫，問題是對方的話有多大的可信度呢？

攻守策略——不能倚靠人情工作

對方所說的工作，其實是「人情工作」。

自立後所承包的人情工作，即使能維持一段時間，也是短時間的。如果發包者是事業經營者倒還有話說，但大部分都只是上班族，這種人的職務可能會有所異動，甚至還挨上司的罵：「為什麼發包給那個人！」也就是說，答應發包工作給你的人，他的能力也是有限的。

這樣的道理我有經驗：某次有位自立的人來找我，我也幫了他一次，但第二次我就拒絕他了，以「不好意思，我已經先答應別人了」或「又有另外的人自立了，非給他面子不可」的藉口搪塞。

因此，要自立可以，但在創業之初，務必謝絕所有的人情工作再起步。人情工作這個壓箱寶可以留到緊要關頭再動用，得自上班族時代人脈的人情工作，在遇到真正困難時，可以拜託對方一、兩次，卻非長久之計。有了根本不把人情工作計算在內的自覺，與避免自立後的危機是環環相扣的。

想要自立時，是先從事自營商好？還是一開始就成立公司好？到底何者比較划算？

攻守策略——評估自營商或成立公司的優缺點

成立公司的最大優點，就是可以得到社會上的信用。如果對方是股票上市公司或公共性企業，倘若你沒有公司組織，他們是不會和你交易的。

做生意有時會碰到千載難逢的好機會，如果這時還是自營商，就無法調度充分的資金，因為銀行很難會點頭貸款給你。

此外，組織公司也成為你到底有多認真辦事業的指標，因為有了公司的辦公室成立股份有限公司，等於公開宣示「不可能兩、三年就垮台」。換成個人自營商，可能給人「我只是試辦看看，如果不理想就算了」可以不了了之的感覺。亦即成立公司，才能向外界表示不會逃避的一大決心。

當然，組織公司也有其缺點。最大的負擔就是人事費用，設立辦公室，必須僱請接電話的總機，尤其是初次自立，公司的成員多是挑熟人、朋友或以前部屬等相關人士，因為很少有人願意在新成立的小公司任職，所以只好由大家都熟識的人共同創業，這樣的現象同時意謂著人際關係的濃厚，你不能想辭誰就辭誰，怎麼可以做出這麼不負責任的事！

如果僱用一名員工，假設這個人是男性，至少要提供他五百萬日圓的年收入，而這個人也會耗用一些公司的經費，還必須負擔他的福利費用，總計需要一千萬日圓的花費，也就是說，僱用這個人時，預估最少要有一千萬日圓以上的營業額，否則就會賠錢。放眼我們周圍自立的人，人事費用成為最壓迫經營的元兇，甚至將私人財產蠶食殆盡的個案也非常多。

因此，到底要組織公司或成為自營商，應該要多方設想可能發生的情況，選擇權還是在你。

公司營運陷入膠著狀況

> 根據經辦進貨的人說，交易對象倉庫中的庫存品堆積如山，再加上現在這樣的局面，倒閉的危機什麼時候會悄悄來襲誰也不知道。
> 現在，想要趁早透視未來狀況，應該要怎麼做？

攻守策略──1審核局勢、未雨綢繆

局勢如此，你的交易對象說不定也會被倒閉危機悄悄看上，儘早透視危機，才是避免危機的第一步。因此，必須養成經常核對交易對象的數字及狀況的習慣。

首先，要核對經營數字，一家公司的營業額有多少？創造多少利潤？這看決算書就可以知道，再與前一年的數據加以對比，就可以看出將來的走勢，例如利潤年年下降，就表示亮起紅燈了。

但現在的重要工作，是核對資產負債表（balance sheet）。

資產負債表分為資本部分及負債部分，每個項目的變化都很重要，如果流動性行為（周轉率）不佳，全都是應收帳款，帳面上利益都未收到現金，就有黑字倒閉的可能。特別是房地產業等，現在這類的黑字倒閉非常多，所以單靠P／L（損益表）來判斷，真是太危險了。

攻守策略——2預設公司營運的安全底線

除了經營數字以外，最重要的是觀察員工的士氣及工作意願變化、員工人數的減少及新進人員錄取人數等，事實上，這方面的狀況比經營數字更能看出公司的實際情況。一旦經營情況惡化，公司會暗地裡減少福利上的開支及削減交際費，還會大幅刪減計程車資等的交通費。

於是乎，職場環境會愈來愈拮据，如此一來，員工的士氣就會下降，人人怨聲載道，工作時意興闌珊。因此，公司的實際狀況在顯現於經營數字之前，就會先出現在員工工作態度的變化上。因為公司有粉飾決算的手法，所以真正的危機很難從決算數字上看出來，一旦被發覺了，危機早已降臨，恐怕就凶多吉少了。

所以說公司的危機，可以先從員工的士氣低落中尋獲蛛絲馬跡。

我有一位熟人的孩子向我提及他想應徵我所服務的公司，所以我就向總務要來一張明年度的招募簡介，才發現大學畢業生的錄用人數被大幅削減。你能從這樣的情況，預測出什麼嗎?

攻守策略——明瞭公司員工人數的變化

員工人數的變化，也是探知公司狀況的一大關鍵。假如公司的經營開始亮起黃燈，在公司著手裁員之前，退職的員工人數會先增加，優秀人才被獵頭族獵走，聰明的人也逃之夭夭。再者，如果公司的人數太多，就會減少大學畢業生的錄取人數，這也是一大指標。

企業每年到了十月，就會事先內定翌年的錄用人選，但實際的求才廣告，早在前一年的秋天左右就刊出了。今年秋天的求才廣告，被用於明年秋天的錄用活動，也用於選擇後年的新進人員，所以相當具有未來性。而且，錄用大學畢業生的目的在於培養儲備幹部，可以從這個數字看出企業兩年後的走勢。

此外，公司因為想儘量錄用優秀人才，所以在求才廣告上會說盡好話，更為此而刊登原本不敢向報社公開發表的企業機密，或向股東、董事提出的決算等尚未實現的計畫。也就是說，只要看求才廣告，就可以看出這家公司的將來性，雖然簡介上一片美景的公司是有危險的，但隻字不提的公司更危險。

還有一點，選擇公司時，建議你採取查閱登記簿的方法，像商業登記簿，也就是如果公司登記簿中的董事陣容大幅更動，公司章程一變再變，或總公司的地點經常搬遷，毫無疑問，就可以認定這家公司亮起了紅燈。只要到經濟部設在各地的所屬機構，就可以簡單閱覽登記簿。

到了這些所屬機構，還可以看到這些公司名下的不動產登記簿，一看不動產登記簿，就知道公司中有哪個部門被當成擔保權，如果你看到由可疑的單位擁有抵押權，這家公司很可能連地下錢莊都去借過錢了，這樣的公司當然很危險。

大部分的人或許會想，特地去看登記簿太麻煩了，但既然聽到自己工作的公司或交易對象有危險的傳聞，還是要去看一看比較保險，危機管理就是如此。其他必須核對的還有現金狀況，像是交易對象增加以支票付款，或原本月底截止的付款日期一到，會在下個月十日付款，現在卻拖到下下個月十日才支付；本來是以現金支付，如今卻改成支票，或延長付款日期，這些都是資金調度窘迫的證據。

現在，大企業幾乎都不使用支票，可是手中多的是中小企業轉來的支票，所以即使是任職於大企業的上班族，都必須核對支票，如有不對之處，就要多加注意。

危機管理的秘訣，就是重視「奇怪」的感覺。舉個例子來說，一家中華料理店是有可能開支票給裝潢業者，因為這家店可能整修過店面。但反過來，如果是裝潢業者開支票給中華料理店，就令人匪夷所思了，難道裝潢業者的胃口那麼大，吃那麼多東西，非得開支票付款不可嗎？

也就是說，核對支票，看看由誰開給誰是相當重要的。裝潢業者開給中華料理店的支票，是所謂的通融支票，應該要判斷「因為資金周轉有困難，是否要救濟？」或者「危險，我看這張支票不能收！」

在書局應該可以找到解說核對危險支票方法的書籍，所以至少要有基本的常識才對。總之，等到跳了票才開始慌張，就太遲了。通融支票轉到手上時卻「不覺得危險」，那樣的遲頓是很可怕的。

最重要的是，只要稍感不自然就要調查，這才是避免危機最有效的手段。

萬一公司要你做代罪羔羊時

最近，整個企業上下其手所搞的弊案明顯增加了。

像是發生行賄等事件時，公司一開始會維護員工，包括隱瞞證據，甚至否定整個事件，以各種方法保護你，但從某個時間起，公司卻翻臉不認人，而且高層要這麼做是易如反掌的。

那麼，所謂的某個時間，指的又是什麼時候？這個時間就是指當公司發現情況已經惡化成刑事案件起，也就是在判斷出怎麼做都無法保住你的那一瞬間，公司就會開始採取自我保護的做法，在態度上產生了一百八十度的轉變。

黑道圍標等不當利益輸送曝光，案發當時恰巧我在那個經辦單位，看樣子似乎要把責任推到我身上。

公司高層有一次把我叫了過去，小小聲地灌輸我「這不是整個公司有意的操作，而是你以個人看法所做出行為」的想法。我心想「你在胡說八道些什麼」，卻也不知該如何處理這種情況？

攻守策略——留下有利於己的文件

在這個緊要關頭，為了保護自己，非做不可的事就是留下文件，例如對於高層的傳喚感到有蹊蹺時，就事先準備錄音機，將雙方的對話錄下來。或許各位會想，在上司面前要如何錄音？未免太困難了吧！很好，那我要告訴你，不這麼做的話，你只有死路一條。

其實，錄音的方法多的是，首先，一旦發生自己可能被捲入的事件時，最好事先準備小型錄音機及高感度麥克風，到秋葉原等電器街去，到處都可以買到。

我也買了一部，因為超高感度的麥克風具有人類耳朵的數倍聽力，只要偷偷放入公事包，雙方的對話可以錄得一清二楚。有時候可能當對方正講到重點時，錄音帶卻用完了，所以最好準備可以遙控的工具，才能完整錄下需要的部分，避免中斷，可以更安心。當然上司也有可能是改以電話傳話，所以還必須準備可以錄下電話交談的用具，即使是行動電話，也有可以簡單錄音的機種。

說來遺憾，這些事件的牽涉人，都需要面對「自身難保」或「搞不好責任全推給我」的危機，所以要自保有道，以期全身而退。

我要再三強調，公司從某個時間起會貫徹組織防衛的做法，毫不客氣地與零零碎碎的員工個人畫清界限，你要對這一點有所自覺，隨時備妥可以保護自己的各種工具，換言之，就是要有「自己的命自己救」的想法。

組織說起來真是可怕，一旦它決定捨棄你，下個步驟甚至會轉變成攻擊你，有時還會以侵佔罪名狀告它所拋棄的人，等於是將公司的犧牲者訴諸於法，以證明公司自身的清白。

為了避免被公司出賣，凡是相關文件，都有保存下來的必要。

如果被當成代罪羔羊，氣憤不過的你可能會想要反過來攻擊公司，但這樣的做法會帶來很大的風險。例如丸紅公司的大久保先生，因為在洛克希德事件中向法庭提供對公司不利的證言，結果飽受指責。一般日本人都認為誰譴責自己的公司，誰就是背叛公司的人，所以這樣的做法並不是明智之舉。

那麼，什麼才是聰明的做法呢?就是不要正面攻擊公司，先留下相關文件，到了緊要關頭再讓公司知道。這不是威脅，只是要讓對方看到事實。

方法很簡單，你先看準是誰企圖將責任推到你身上，就接近這個人的親信，說明你手中握有錄音帶，這樣就夠了。

像所有的會議記錄等，也全都要保留下來，即使是簡單的備忘也就夠了，例如留下某月某日與何人在哪個會議室說過什麼話的備忘。

開門見山地說，企業要維護的人，只有老闆自己而已。每次發生這一類的問題，都有人會自殺，這些人自殺的目的，多半是為了隱瞞老闆的罪行。一連串因為利益輸送而入罪的人，都是在承受公司所推卸的責任。

結果，事件的元兇不但不像蜥蜴自斷尾巴狼狽而逃，反而全身而退，躲過了攻擊的矛頭。為了這樣的目的，公司哪有不敢做的事。我們不應傻到為了這樣無恥的公司而走上自殺的絕路，為了避免對方一再逼人，除了保留文件之外別無他法。

下面再舉一個例子。我曾勸在證券公司工作的朋友說「相關的文件一定要保留下來」。有一次，董事召喚他，對他耳語：「你為我做……，好嗎？」他只回答：「讓我考慮一下。」最後他給董事的答案是：「還是辦不到。」

不久之後，公司就向他暗示人事將會異動，很明顯是貶職，這是對於他拒絕董事要求的嚴厲處分，於是他來找我商量，我就對他說：「你在這家公司的上班族人生已經提早結束，起而反抗的時候到了。」

於是，他便找上那位委託自己辦事的董事最為親近的上司，告訴對方「因為情非得已，我必須請你看一樣東西」，說完便交給對方錄音帶及錄音的內容，後來人事異動被撤回了，看樣子那位上司把話傳給了董事。

不久，他趁著還留在總公司的機會，跳槽到另一家條件更好的公司。

像這樣的起而反擊，雖然可能被視為危險分子，但在生死關頭時，所有的人都一心想保全自己，所以全都會變成自私自利者，這就是弱肉強食！明知道會受傷，也要起而奮鬥，至少勝過坐以待斃，任由公司宰割。

「只要你扛起所有的責任，我可以保證你以後的身分和收入。」上司對我提出如此的交換條件，讓我心中感到不安。

雖然如此，但對方有恩於我，我也不好意思絕情地拒絕，我該採取什麼樣的態度？

攻守策略——不為交換條件所惑

這是經常在戲劇或電影中看到的情節，事實上，上司提出如此條件的個案很多，但絕對不可答應。

因為幾乎在所有的情況中，會提出如此條件的人，毫無例外地都會消失在這個舞台上，真相大白是遲早的問題，一旦上司下台，他的承諾全部都會變成廢紙，結果是這個部屬落了個做偽證的污名。

日本人一向有自我犧牲的美學，當對方有恩於我時，想要拒絕並不是件易事。但想想你所受的恩是到什麼樣的程度？只不過是多疼愛你、提拔你，推薦你當課長、經理之類的事而已，問題是這樣的小事，值不值得你拿自己的一生來交換？

而且，模稜兩可的態度是最要不得的，例如不知不覺被捲入弊案中，卻一味聽從公司的交待、指示並照做不誤，結果被當成犧牲品，像這樣的悲劇絕對要避免。

為了避免陷入這樣的境地，應該留下「保證」的真憑實據，使公司為了自保而非保護你不可。也就是要留下必要的文件，之後想辭職再辭職，完全由自己做主。

重要的是，自己的命要自己保，務必具有「這個人生是我自己的人生」的堅強意志，或許這就是個人危機管理的最大要點。

公司停止營運

某家旅行社雖然經常利潤是黑字，但由於飯店及航空公司紛紛逼它以現金還債，結果竟然倒閉了，看它的決算書的確是黑字，而且也不是做假的決算，想不到卻倒閉了。遇到這種情況，身為員工的人，有沒有什麼未雨綢繆之計？

攻守策略——借助專業的眼光判斷

本書的開頭已經說過，到目前為止，公司的優良程度，端視其固定資產而定，固定資產愈多，股票值錢的時間會持續久一點。

但現在衡量公司安全度的中心量尺，卻改成了現金的流動性，也就是有多少能動用的現款是相當重要的。因為銀行的經營基礎非常脆弱，緊縮貸款還無所謂，如今甚至蠻不講理地硬是實施回收資金。

根據一九九八年的法令規定，地方政府的補償融資制度，可提供五千萬日圓借貸，但聽說銀行不但不借出，反而予以回收的個案很多。銀行的做法是一看到大額融資對象有危險，就立刻採取回收資金的動作。

同樣是股份有限公司，美國的公司是以廣泛向股東募集資金的制度而成立的，而日本企業卻是靠向銀行貸款來調度資金，所以一旦銀行狠心回收資金，日本的企業就非還債不可。

如果銀行刻意停止週轉，黑字倒閉的事情是有可能發生的，就像是一個人的肺臟、心臟、腎臟及肝臟都很正常，卻突然發生血液循環停止的現象。

一家公司是否會猝死，除了以現金流動性的量尺來衡量外，別無他法。你可以委託如帝國資料庫等可靠的徵信社來調查自己的公司，聆聽其分析結果，因為專家的眼光總比你的眼光正確。

面臨行賄的誘惑時

一到人事異動的季節，總會覺得公司內外人心浮動，而且說來奇怪，交易對象（承包業者等）似乎都能更早一步得到人事的資訊。到底這種機密情報是從何處洩露出去的？

攻守策略——留意承包業者的暗中活動

身為上班族，接到賄賂的情況超乎想像之多。除非你是公務員，否則收賄罪是不成立的，但公司有時會控告你侵佔公款。雖然有各種個案，不過事業的巔峰階段通常被視為行賄的時節，這個時候所收到的賄賂特別多。

行賄的一方認定升遷的機會到了，好運難再，就想盡辦法收集升遷或異動的情報，對於有交易關係的承包業者而言，誰被派到相關單位，甚至會左右承包公司的命運影響極大，所以最為關心。因此，在調動的當事人尚未接到指示前，獲得異動、升遷情報對承包公司而言，是攸關生死的問題。當然，他們自己也有收集情報的方法，而且他們的情報來源，就是交易公司的高層人士。

課長或經理的升遷，是由董事會決定的，而且幾乎所有的情況都顯示現任的董事，從前不是採購部經理，就是零件部經理，當然與承包業者有人脈上的關係。所以承包業者紛紛找上董事探口風：「這次的零件部門由誰來主持？」或「採購部的情況如何？」想要得到內幕消息。

於是這位前採購部經理，自然會賣個人情，透露「由○○和╳╳競爭，我看╳╳會贏。」到了接近調動的時間，承包商就再跑一趟打探「這次的異動情況如何了？」機密情報於是手到擒來。

值得注意的是，只看上不看下、平常對承包商耀武揚威的傢伙，此時全無例外會吃虧，因為董事也會向承包業者收集情報。因此，對於承包業者，千萬別在態度上怠慢了他們。

每次的升遷一決定，交易對象總是一片「恭喜」之聲，甚至還送禮物到承辦經理的家中，打開一看，除了禮物之外，還有現金。我不清楚，我可以接收多少的錢？

攻守策略——了解賀禮的輕重

消息靈通的承包業者，帶著賀禮來到升遷當事人的家中，受禮的人在賀禮的冠冕堂皇名目下，對於對方的道賀當然感到高興，心想拒人於千里之外，未免過於絕情，但如果收下現金，會不會犯了收賄罪，在心情上也很猶豫。

假如對方送的是花，當然可以毫不考慮地一把接下，因為送花根本扯不上賄賂，而是純為祝賀而來。包括花、洋酒等雖然有點貴卻也不會太貴，而且是很快就會消失的消耗品，送禮的人當然不會期待有什麼大回報，是真心以送禮表達賀忱。

那麼，賄賂與賀禮的界線在哪裏？應該視職位而定，如果贈送的金額超過這個人一個月的零用錢，就要注意了。

提到上班族的零用錢，一般的上班族是五萬日圓，經理級頂多十萬日圓，這雖然不是法律上的判斷，但如果超過這個上限，應該就算是賄賂了。在收禮的一方看來，有無「這金額會不會太多了？」或「顯然是賄賂」的感覺，在當時的氣氛中就能顯現出來，因為直覺會告訴你「對方期待回報」。

據說在房地產業界的賄賂最多，原來他們是以暗地裡給傭金的方式，數百萬圓的現款就進了個人的口袋裏。這樣的情況是行賄的一方期待收賄的一方有所回報，為了更能確保回報，一定會贏努力營造雙方的秘密關係。也就是說，他們會讓你有「拿人手短」的心理負擔。站在上班族避免危機的觀點，不論是誰，是什麼樣的對象，都絕對不可讓他們抓到你的把柄。

對方藉口慶讚「中元」或「春節」，但怎麼看都有賄賂的嫌疑。雖然心想「有點不對勁」，卻不知如何拒絕，要如何才能讓對方知難而退呢？

攻守策略——掌握拒絕賄賂的訣竅

大多數人都不是因為貪心而無法拒絕，是怕拒絕後會傷感情，往後難以與對方維持關係，所以很難拒絕。那麼，對方在禮盒中夾帶現金時，身為上班族的人要如何拒絕呢？先說結論。雖然不可以被對方抓到把柄，但你可以和對方共有秘密。

這是我一位熟人的經驗，有一次，某人突然送來兩百萬日圓，本來，按照他的立場，應該當場全數退回，但他也知道這樣做，下次的業務會明顯出現障礙，根據他所描述當時的心情，是不想樹敵。

後來想了一會兒，他告訴對方說：「你的好意我心領了，但我只收下一萬日圓，收了這一萬日圓，等於是背叛了公司，不論是收三萬日圓、十萬日圓或一百萬日圓，一樣都是收錢，無疑都是背叛了公司，也就是我和你已經結成命運共同體的關係，希望你了解我這樣的心情，其餘的錢就請收回吧！」

如果這時全數退回，身為使者的來人會沒有台階下，變成想回也回不去的窘況，同樣是上班族，應該要了解對方的立場，為了解決他本身的負擔，象徵性地收下一萬日圓就可以了。這就是之前的結論所說的，只收下不至於被抓住把柄範圍內的金額，與對方共有秘密而已。

實際上，即使員工收了交易對象的一萬日圓，也根本不會成為問題。萬一這件事曝光了，只要說明「事實上對方提供兩百萬日圓，但考慮到人際關係的利害層面，只收下其中的一萬日圓」，公司就會諒解。

當然，這件事沒有主動向上司報告的必要，因為一旦說出來，知道實情的上司也會難以處理，等到曝光再詳細說明即可。

之後聽到這位熟人說他將收到的一萬日圓，在對方公司有喜事時，當成紅包送了回去，如此的做法不是皆大歡喜嗎？

遇到不當招待攻勢

早在大藏省（財政部）官員接受招待的弊案發生之前，我就曾經被招待去喧騰一時的（女服務生）下空涮羊肉，也接受過由高級轎車接送打高爾夫的招待。對於這些種種，公司當然也容許，只是不知道公司的容許限度是多少？

攻守策略——避免金錢牽扯其中

賄賂有時是送錢，有時則是近似招待。像這種情況，要被帶到下空涮羊肉才算招待，還是為了洽談公事而吃個飯就算招待？招待和洽公的界線很難畫分。

在此之前，即使身為公務員接受招待也不太成問題，但自從那次大藏省爆發醜聞後，凡是過度的招待，都會被認定為賄賂。再者，大津法院也曾在一次判例中，做出官民招待以每人八千日圓為上限的裁示，所以八千日圓是屬於一般「行情」。

雖然要看對方的職位及立場，不過，招待大藏省局長級的人吃飯，卻只能花八千日圓的上限，那乾脆不要請算了。因此，今後為了工作關係，與工作對象吃飯這件事要再考慮，當然，頻頻打高爾夫球也要有會被視為賄賂的心理準備。

所以大藏省招待的問題不在於一次花多少錢，重點在於總共花了多少錢。計算的結果是五年內共花了八百萬日圓。「什麼！八百萬日圓！」任誰都會大吃一驚，但仔細一想，以當事人的職位而言，五年才花了八百萬日圓，換算成每次的花費，金額就變得微不足道了。

如今，每個人都必須提高警覺，不論是公司或個人，在與工作有關的日常生活中，都不可以有金錢介入其中。因為社會的風潮是如此，容不得你再依然故我，甚至用餐時間一到，必須邊吃邊談時，各自付帳可能也是最安全的方式。

攻守策略——以不成為把柄為原則

所謂的過度殺傷力（over kill），在任何時間都可能發生。現在既然發生招待的過度殺傷力事件，在這節骨眼上特別要小心動輒得咎。在我看來，由於民眾是健忘的，不久之後又會再回復到「常識的範圍內」的狀態……。

在大藏省事件中，另一個是否成為賄賂的判斷標準，在於招待的內容。也就是說為什麼不能去下空涮羊肉？原因很簡單，因為那是百分之百的飲酒作樂。

在料亭（高級日本料理店）吃飯，存有雙方談話資訊不易外露的理由。同樣是花錢，在料亭洽公的條件更為齊備，儘管價格不便宜，卻也理直氣壯，但到鬧區俱樂部或色情場所，就不太恰當了，即使再辯解，也難逃吃喝玩樂的指控。

對於招待費的判斷，也因公司規模而異。小一點的公司以三千日圓、大一點的公司以五千日圓為標準來畫分是交際費或會議費。但你要謹記在心，現在已經不是以稅法上來區分是否為招待的問題，招待的內容才是問題的所在。

說得明白一點，涉及猥褻就不行，因為猥褻顯然會成為把柄。不論是猥褻或招待，兩者同樣都是把柄。

到底是不是賄賂？如果感到困擾時，不妨以「會不會成為把柄」為標準來思考。所謂的標準，首先就是看你敢不敢大方地告知女性部屬，你總不敢對她說：「我們這次要去下空涮羊肉」吧！

我仔細一想，如果招待能改採美國的模式，變成你招待我到你家，我招待你到我家的形態，這種做法一來花費不大，二來也是聯絡感情的好方法。但關於這點，被諷刺為鴿子籠的日本住家就成為問題的瓶頸，再者，會造成家人的負擔也是缺點。既然如此，有非招待不可的人物時，就帶他到不太吵雜的小酒館等便宜一點的店裡，說不定反而會賓主盡歡。

為了遠遠逃離賄賂的危機，還有一件重要的事，那就是不論是提供賄賂的一方或接受賄賂的一方，都是要有「對方最想要的是什麼」的念頭。

每個人最愛的，就是情報了。因為每樣工作都需要情報，只要你能提供對方所需要的資料，即使不花費大筆的費用，也可以皆大歡喜。而你所提供的情報，並不需要大費周章，更不必洩露秘密，像是時代潮流如何？業界動向如何？這類的資料更受人歡迎。

以前我在高成長時代，公司編列好大一筆交際費，用也用不完，所以就拼命招待，但招待了老半天才發覺這筆錢花得毫無意義。

因道歉不當而引起更大的麻煩

今後如果景氣惡化，到處都可能發生交易上捉襟見肘的麻煩，一旦毛病顯現，就非道歉不可，而道歉不當反而引起更大麻煩的例子比比皆是。

一九九七年，某食品公司（A公司）發生與黑道利益輸送的事件，在總務課長被捕起訴的階段，該公司便在各大報刊登道歉啟事。想不到刊登道歉啟事的朝日新聞，就在翌日的讀者意見欄中，出現強烈批評A公司的意見：「如果這文章出現在國文考題中，一定難以作答」、「文章雖然鄭重其事，但語焉不詳」、「既然道歉是為了弊案，就應該明白寫出對案件的看法，現在卻含糊其詞」、「雖然道歉了，但從字裏行間看不出誠意」、「啟事中的日文真是太可笑了」。

總而言之，讀者所要指責、批評的，是A公司的道歉啟事內容不知所云。

A公司的道歉啟事如下：

這次驚擾社會，感到非常抱歉，在此由衷表示歉意。對於為愛護我們的顧客帶來極大的麻煩，我們也深自反省。我們將會嚴肅面對這樣的事態，迅速進行相關事實的調查，謀求日後再犯的萬全對策，致力於重建全公司的信譽。今後煩請各方不吝賜教，同時為這次的事件深深致歉。（摘自一九九七年四月二日朝日新聞早報）

的確，這樣的啟事對於不知發生弊案的人而言，會搞不懂在講什麼?為何要道歉?在日本的組織中，像A公司這樣「不知道在說什麼」的道歉啟事實在太多了。

還有一點，A公司的道歉啟事之所以不奏效，主要是因為時機過早，在課長尚處於起訴的階段，有刊登道歉啟事的必要嗎?

「既然遲早要道歉，乾脆早一點」、「只要顯示誠惶誠恐的態度，社會的指責可能就會軟化」說來也是人情之常。但你必須知道，太早向人道歉也會惹惱對方。

我在工作上犯了一點小錯，被經理叫了過去，這位經理是有名的說教經理，我不小心脫口說出「我知道，明天起我會重新改過」，想不到對方卻大發雷霆，怒吼說「閉上你的嘴，聽就好了」。我沒想到他會如此震怒。

攻守策略——掌握道歉的祕訣

你不妨揣摩一下經理的心情，也許他心裡正想著「我還有三點沒說完」，所以才會火冒三丈，高高舉起的拳頭，怎麼可能會一下子就輕輕放下呢！因此，道歉的一方，應該以聽完批評的內容為首要之務，也就是必須充分掌握批評的全貌後再道歉。當然，太晚道歉不好，但時機過早的道歉，聽在對方耳中，會有擾亂神經的反效果。

菜餚總有所謂的當季時蔬，任何美味可口的料理，如果錯過了當季的時節，滋味難免減半。探病也有適當的時機，如果剛動完手術就去探望，會造成對方的麻煩，同樣的道理，道歉也有道歉的適當時機，過與不及都不好。

接下來是道歉的內容。在道歉時，必須納入的要點有五項：

1表明謝罪之意：詳細傳達「為什麼而道歉」的真心。

2報告調查結果：務必進行客觀公正的調查。

3分析原因：站在道歉的立場，應該徹底分析事件發生的原因，再提出報告，不是嗎？想不到卻鮮少有人會這麼做。

4提出改善方案：今後該如何做，才不致使情況惡化？提出具體的改善方案，才能得到對方的認同。如果提不出改善方案，會被解釋為不夠誠實、不知悔改。

5傳達處分辦法：因為處分有過失的員工，是獲得社會肯定最迅速的方式，所以很多組織至少願意做到這一點。

將這五項要點的第三個字連在一起，就變成「謝、調、原、改、處」，日文的讀音與「社長的界限」相同。到了非道歉不可的階段，公司首長會傷腦筋到極點，知道這個含義後會更容易背下來。

雜誌編輯曾發生遺失插圖畫家原稿的過失，公司立刻派主編前往對方府上道歉，沒想到反而惹怒了對方。原因好像是派去的人先是推諉責任，之後又問「我們應該賠多少？」態度上似乎市儈氣十足。不知道最有效的道歉時機是在何時？

攻守策略——弄清道歉的順序

遇到這種情況，要先調查遺失的原因再向對方報告。

如果能不推卸責任，改說「經過調查，是某月某日在何處以何種方式收到，結果如何，後來好像是在某時遺失，負責人是○○，原因是因為要對原稿進行如此的處理，之後不小心遺失了。因此，我們決定提出有關如何處理原稿的改善方案，從編輯、校正到印刷的流程，要改成何種經營方式。當務之急是向您致歉，我們將會處分各單位失職人員。」

聽了這樣道歉的說法，大部分的人應該都會諒解。但這時有句禁忌的話不可以說，那就是賠錢。

一般人在道歉時，喜歡動不動就提及賠償，例如「對不起，我會賠你二十萬日圓。」這絕對要不得，因為對方必定會說：「你以為錢可以解決一切嗎？」要提及賠償的話題不是不可以，但必須等到獲得對方的諒解後。

例如你可以說：「感謝你寬宏大量原諒了我，但我還是覺得過意不去，我能不能以賠錢的方式來補償你損失的萬分之一？」這麼一來，對方才不會感到憤怒，因為一開始就談錢，對方會把你視為「想拿錢來壓我的不誠實傢伙」而衍生麻煩。

道歉的成功案例

某次我在別人送來的中元節賀禮中，發現其中一罐麒麟啤酒發了霉。原因是啤酒外露，仔細一看，罐身已經凹陷了。

之後我好意打電話到麒麟啤酒客戶服務部的申訴單位，結果隔天經辦人立刻就來拜訪，「可否讓我看一下產品」，然後又說「為了調查原因，是否可以借我一下」，就把東西帶了回去。

兩天後，經辦人又再度前來，並且先打電話詢問：「能不能再拜訪一次？」到了家中，就向我報告說：「這是某年某月某日敝公司A工廠B生產線在幾點至幾點之間製造的產品，作業員是C，檢查員也是C，到此為止完全沒有問題。之後委託D運輸公司搬運，我們現在正在調查中，初步推測應是在運送過程中被壓損而使內容物外露。」接著就交給我一份與他帶回去的瑕疵品相同的產品以示賠償。

我聽了經辦人的話，看了他的態度，心想麒麟啤酒真是令人放心的企業，從此以後我反而成了麒麟迷。從申訴案開始，卻以成為愛好者做結束。這樣的道歉方法既恰當又有誠意。

道歉的失敗案例

但類似的事件，我也遇到過完全相反的應對方式，那是某家食品公司。

我在旅行途中買了當地名產的糕點，回家後竟然發現有蛆蟲，我嚇了一跳，馬上打電話給食品公司，當時他們也是立刻趕來。但這家公司的態度與麒麟啤酒截然不同，他帶來堆積如山的產品，說：「請笑納，希望你為我們保密。」

我不滿的說：「要我一筆勾消可以，但能否告訴我為什麼會發生這樣的問題？」他回答：「我想可能是最後在為糕點上粉時，蟲子沾在刷子的刷毛上吧！」就這麼簡單的三言兩語，他就放下產品回去了，我看著堆積如山的糕點，竟一點食欲也沒有，結果全部拿去丟掉，而且再也不願買那家公司的糕點了。這家食品公司在前面所說的「社長的界限」（謝、調、原、改、處）的道歉中，加入了賠償的說詞來致歉，這樣的做法當然無法消除消費者的不信任感。

但也不一定一開始道歉就能囊括五個項目，因為申訴案必須儘速處理，遇到這種情況，即使在中途才實踐五項要點也可以，但務必要仔細向對方報告清楚。

雖然道歉時事情可能只解決了一半，不過關於調查情形，你可以告訴對方「現在我們正朝如此的方向進行調查，至少要一週後才會有結果。」關於分析原因，也可以說「為求慎重起見，可能需要兩週的時間。」至於改善方案，可以說「我們會查明原因進行檢討，所以可能在三週後即可提出報告。」對於處分，就說「等檢方調查完成，查明真相後，自會從嚴處分。」

以上每項都缺一不可，因為別人會問「這裡進行得怎麼樣了」、「那裡進行得怎麼樣了」。最重要的是，不可以一開始就摻入賠償，企圖彌補了事，腦子裡要有

（謝、調、原、改、處）的念頭，這就是避免道歉不成反而引來麻煩的秘訣。

被捲入派系鬥爭時

雖然自己不屬於公司中的任何一派，但因為我對某件懸案表達贊成A派的意見，結果自然被說成是A派的。我會因為這樣而被捲入派系鬥爭嗎？

攻守策略——標榜「公司人」的立場

我想在漫長的上班族生涯中，免不了會被捲入派系鬥爭。所謂的派系鬥爭，並不限於派系中人。例如到底要建男生宿舍還是女生宿舍？乍看之下是無關緊要的未定議案，竟然也有正反兩派的意見。

遇到這樣的問題，很多上班族不會客觀冷靜地判斷，而是以雙方的實力來判斷，至於誰的意見正確則完全擺在一邊，這可以說是上班族社會的典型模式。在這樣的情況下，上班族捲入派系鬥爭的機率不可謂不高。

那麼，遇到這種情況，要如何避免危機呢？答案只有一個：就是上班族要以「為了公司（For The Company）」為軸心想法。說出「關於這件事，斟酌正反兩面，我判斷應該選擇A的想法，我這麼做完全是為了公司，所以絕對不被任何人的意見所左右」，並且要貫徹這樣的立場。

站在「為了公司」的立場，只要是正確的，即使與自己奉為老大的人意見相左，也絕不妥協、貫徹主張。這樣的做法固然有段時間會受人憎恨，但時間一久，人們見你貫徹原則始終如一，反而會升高對你的信任感，甚至連反對派都會對你另眼相看。

凡事聽從自己的話，可以役使自如的部屬，對上司而言的確是很方便的幫手，不論自己的意見是否正確，事事都贊同自己的部屬簡直是方便極了。但真正遇到難題時，這樣的部屬所說的話根本不值得一顧，君不見如此的部屬，正是一般人所輕蔑的「應聲蟲」、「店小二」之流。

每個人都想要有值得信任的部屬，如果你能貫徹「為了公司」的原則，連「敵軍」也會羨慕你的上司擁有如此的部屬。

做人要有原則，例如「將在外，君命有所不受」，即使是自己的老闆，有時也可以不服從。遇到這種情況，說不定對方派系的高層會找上你，誘使你轉入他的旗下，這時你就要明白告知：「我經常是以為了公司來思考事情，關於這次的案件，主要是為了公司著想，我才贊成的。」這樣一來，對方派系的高層可能會想「如此的傢伙難得一見」，認為如果這個人在我手下，一定會「惠我良多」。

如果堅持為了公司的立場，有時必須贊同你所討厭的人，但這也是沒辦法的事。我們必須公私分明，感情上的好惡要與工作上的是非畫分清楚，公事上務必將「為了公司」貫徹到底，至於你喜歡誰，就利用公餘時間一起共享吧！

從短期來看，「為了公司」的立場既不划算又痛苦，但放眼長期，卻會成為上班族最強的武器，因為在公司這種組織中，所有的成員都應該把「為了公司」奉為行動準則。

三田工業採用「為了公司」的粉飾手法

但其中也有虛有其表的「為了公司」，而內心卻背離了「為了公司」的軸心。像不斷粉飾決算的三田工業，就是典型的例子。他們為了實現使銀行安心的企圖，才有「為了公司」的粉飾原則，結果卻適得其反，也許暫時可以讓銀行安心，但終究得不到信任。因為他們的「為了公司」是虛有其表的。

真正的「為了公司」的立場，無論是對現任經營者、當前掌權者或未來的掌權者，都是一脈相承的正確態度，貫徹這樣的立場，才是上班族的成功要訣。

在我擔任上班族的經驗中，還是以為了公司為原則而行動的人最為有用，即使被貶謫，或暫調到關係企業中，不久一定會再回來，因為公司注定需要這種員工，甚至說只要十個人中有一個這樣的人，這家公司就能生存。因為，能貫徹為了公司的人，必然具有稀世價值，因而身價百倍。

不過，標榜為了公司時，也不可過於頑固，或採取高壓手段，這會使別人認為你在作秀而感到礙眼，或受到周遭的厭惡。所以要主張為了公司時要保守一點，但要堅持到底。

在這裡要叮嚀一句，我所說的是為了公司，談及社會正義時又是另一回事，

「為了公司」未必能與「社會正義」畫上等號。雖然這是少數的個案，但有時為了貫徹「為了公司」，難免會違反社會正義。當然，犯罪要另當別論……。

也就是說，一個上班族應該誓言效忠的對象，只有每個月發薪水的公司，因為上班族拿錢的對象絕對不是「人」，而是公司這個組織。縱然上司擁有考核權，但支付薪水的卻是公司，因此，要效忠的對象是公司，如此的態度必須貫徹始終而且旗幟鮮明，才會贏得周遭的肯定。

不過，在面臨裁員危機，要仰賴後盾時則另當別論，為了緊急避難而跟隨上司腳步也是不得已之事。

我說「為了公司」，也許讀者會以為要當「公司人」，但我絕對不是要你當公司人。站在派系鬥爭的立場，應該貫徹「為了公司」，堅持對公司的忠誠，但也沒有完全迎合公司價值的必要，這一點別誤會了。

下班後的陷阱

上司問我：「今晚有空嗎？」邀我去喝酒，下班後的應酬，與上班族的生活難以分離，最近的年輕人會脫口拒絕，但一想到這麼做，以後在這個單位會待不下去。難道下班後的應酬真有必要嗎？

攻守策略——委婉推辭無關公事的應酬

如果一再拒絕，上司會認為這個人真不好相處，甚至會認為你缺乏團隊精神。在企業中，團隊精神比領導統御力更重要。問題是：下班後的「吃喝玩樂」為何有必要？因為不論是邀請的一方或受邀的一方，許多人並不知曉其中的道理，所以吃喝玩樂也會脫離其目的，使年輕人直覺認為「這樣的飲酒作樂毫無意義」。

再問一次，下班後的應酬為何有必要？大家都知道，工作崗位畫分了種種任務，如果只是一成不變地扮演自己的角色，深入接觸員工人性的機會就會變得非常少，當然，站在上司的立場，一定有必須嚴加指責部屬的情形。

因為組織不同於學校的社團活動、團體活動及社區活動，人人有其扮演的角色，在人與人之間產生鴻溝的可能性很大。如果人際關係紊亂，組織的活力就會下降。這個時候「吃喝玩樂」等於是修復作業，所以下班後才成為理解雙方立場、傾聽對方訴苦埋怨、各方面都可以取得了解的時間。換句話說，有了如此修復隔閡的時間，在訓話時就可以更理直氣壯，公司可以更活性化。

上司邀集部屬喝酒去，有時會在席間破口大罵上級，雖然部屬與這樣的上司一同喝酒，自己的情緒沒有發洩的餘地，但在下班後的應酬中聽上司發牢騷，可以漸漸了解公司的全貌，更何況上司找你喝酒向你訴苦，正證明你得到了他的信任，他怎麼講，你就怎麼聽吧！千萬不要認為沒有發洩情緒的機會就不去了。

上司邀我「這個星期天去打高爾夫球吧！」雖然公事以外的應酬也有必要，但像高爾夫球這種要陪一天的應酬，未免太辛苦了。萬一我拒絕了，上司會不會對我印象不佳？

攻守策略——掌握必須參加之聚會的性質

這個時候，重要的是，什麼聚會「去比不去好」的判斷標準。反之，想邀人的上司，也要考慮什麼聚會部屬才肯出席。

提到高爾夫球，凡是打過的人都知道，打球時可以凸顯出一個人的真面目，所以整天相處在一起，就可以看清這個人，因此這種聚會不妨考慮參加。

以「共同體驗」來加強歸屬感

此外，在男性之間的交往中，雖然種類不同，但往往有一起去看牛肉場的現象。為什麼他們會成群去這類的風化場所呢？簡而言之，就是為了擁有共同體驗，以加強彼此之間的歸屬感。

例如我們懷念小學或幼稚園同學的心情是從何而來的呢？可以說是因為小時候有過共同體驗，像是「兩個人偷摘柿子，被歐吉桑綁在樹上」。因此，為了使組織順利運作，還是需要共同體驗。

換句話說，需要陪他時就陪他，而且要陪到底。但不懂這個道理的人非常多，也許是時代潮流使然，應酬中途回家的人很多，當然，認定今天的目的已經充分達成，中途離席倒不成問題，但如果尚未達成目的就回家，參加又有什麼意義？

例如公司舉辦尾牙去溫泉鄉，結果有人建議「一起去看牛肉場」，卻有人說「這種我最討厭」。當眾人興致盎然想去看牛肉場，唯有一個人說「No」，其他人會在心中想「這個傢伙八成不肯和我們有這樣的共同體驗」，使得全場氣氛尷尬。其實，沒有什麼好拒絕的。因為大家興高采烈，怎麼可能拒絕，即使不願意也得去，我認為具有共同體驗這種目的的聚會，絕對非去不可。

唯一可以避免的方法，就是在有人提議尾牙要去溫泉鄉時，馬上提出不同型式的共同體驗方案，因為你不難預測，到了溫泉鄉，一定會去看牛肉場，所以要想辦法找出替代方案，讓大家接受你的企劃，此外別無他法。可惜的是，社會變化如此之大，這類聯絡感情的做法，今後將會消失不見。因為，在企業社會中，各種有默契的事項都在逐漸崩解當中。

面臨性騷擾時

我的女性部屬向我訴苦，常碰到以拍屁股代替打招呼，或經常說黃色笑話的男職員。看她相當激動，也許有人會說「這點小毛病大家都有」，但在性騷擾成為熱門話題的時代，我該如何處理？

攻守策略——當機立斷表達不快立場

為什麼會發生性騷擾？箇中理由林林總總，唯有釐清真相，才是避免性騷擾危機的第一步。例如誤以為黃色笑話是人際關係的潤滑油、誤信女性喜歡以拍屁股代替打招呼的人，這些人很可能不是惡意的。

根據調查，這類的人只是因為想當然爾而有如此行為，只要有人告訴他：「你的想法錯了！」知錯之後，絕大多數不會再有騷擾之舉。只是，男性中也有些無恥之流具備敏銳的嗅覺，可以分辨出騷擾誰會惹麻煩，換成誰則會忍氣吞聲，所以他會避開正式職員，找外派員工或工讀生等立場脆弱的女性為對象，真是卑劣之至。當然，這類的男性早就知道自己的行為顯然是性騷擾，所以才會專找絕對會默不作聲的女性為目標，真是惡劣極了。

筆者對於向我投訴性騷擾的女性，提出「隨時說出『請你放尊重一點』，明白表示你的不愉快」的建議。不過，在這種性騷擾中，也可能出現相同的行為在A做來，女性不置可否，但「B動手動腳就絕對不可以」的矛盾情況，因此，女性方面的感情問題，絕對不可以忽視。

所謂性騷擾（sexual harassment），在男性方面，尤其是中年男性，不太會覺得是切身問題，但年輕女性卻很敏感，所以不能淡然處之。

現在想想看為什麼性騷擾的行為不曾消失。自從性騷擾這句話成為「流行語」後，已經有很長一段時間了，但性騷擾行為卻久久不曾消退，人們早就建立起「性騷擾是不對的」的認知，可是性騷擾依然存在，這是為什麼呢？

答案是因為「組織以家醜不可外揚的方式處理」。有了「性騷擾是見不得人的行為」的認知，所以對於不論是組織或部屬的醜聞都會影響自己評價的上司而言，絕對要湮滅罪證，於是乎整個公司都會以家醜不可外揚的方式拚命掩飾。

既然想掩飾，當然不能立刻處分，例如某日突然毫無前兆地調走了課長，公司內一片騷動，「發生了什麼事」的謠言會傳開來也是必然的。既然如此，好不容易掩蓋的醜聞，就有被挖出的危險性，所以採取保守秘密、保護組織的方式，等到定期人事異動的時間，再進行處分。這就是日本組織「普遍的」作風，不是嗎？既然組織執著於如此怯懦的方法，性騷擾當然沒完沒了。

她被性騷擾的事情看來是真的，但如果沒有明確的證據，我該給這位女性什麼樣的建議呢？

攻守策略——明確提出警告並留下記錄

首先，我們要具體思考女性受到性騷擾後應該怎麼辦。在對方剛開始性騷擾的階段，並不好意思說出相當於遇到色狼一樣的「請放尊重一點」的話，不過，在這個階段若能以言語拒絕，大部分的人都會知難而退。

此外，留下記錄也有必要。縱然無意訴諸於法，但後來鬧成公司內的問題時，雙方會各執一詞，所以仔細留下某年某日某時以何種形式受害的記錄非常重要。

錄下對方的說詞是最為萬全的，但卻相當困難。因此受害後務必在札記或日記上記錄下來。接著，要準備與對方談判的底限。也就是說，女性本身要決定如何處理騷擾你的對象，包括只是想讓他停止騷擾行為，或非調走他不可，甚至是要他辭職走路，從公司中消失。當然，這會因受害的行為而有不同，但由女性決定談判方式相當重要。

當然，與性騷擾不同，如果是被強暴的受害者，想要將對方從這個社會上除去的心態是極其自然的，但我覺得性騷擾的受害者到底希望加害者受到什麼樣的處罰？這一點頗為曖昧。

要對方贖罪時，你會希望對方怎麼做？要他寫悔過書嗎？要他下跪道歉嗎？或是要他付出遮羞費？這種談判方式相當曖昧，可能會因為「我這麼做，說不定會難以在公司立足」而躊躇不前。

有許多因為煩惱一旦公開性騷擾，自己反而不容易待下去的女性前來找我商談。對於這些人，我常說「何不決定談判？」決定談判可以明白表示自己受到性騷擾的憤怒。如果希望解決問題，使自己的談判方式明確化就是捷徑。

已經留下決定性的證據，也確定了報復對方的方式，但不知道遇到這種情況，該向誰投訴，這個人才會執行你所要求的處分？

攻守策略——選擇有權適當處理的人

現在要小心的是：不要弄錯了投訴的對象。投訴的對象必須是加害者的上級主管，如果投訴的是職位比加害者低的對象，對方如果偏袒上司，甚至會興起保衛組織的念頭而打壓你。一旦投訴於低層主管，之後才改投訴上級主管，也會產生人際關係的錯亂。

現在假定向股長投訴課長的性騷擾，結果發現石沈大海，結果這次改找經理投訴，股長可能會懷恨在心說：「她本來先找我商量，這一次卻找經理商量。」

不過，直接投訴於上級主管，這個人有時可能不會為你出力，這個時候，找人事部經理投訴是最好的方法。

到了人事部，千萬不可以向低層主管投訴，如果由下而上一層層往上傳，很可能使消息走漏，讓加害者知道「有人告了你一狀，你要有所準備」，所以務必直接告訴負責的人事部經理。

根據我客觀的觀察，凡是負責人事部的人，都有中規中矩的判斷標準，因為他們可以感受到事態的嚴重性，所以不會輕忽性騷擾的處理。也就是說，只要是擔任人事部經理這種有責任的職務的人，毫無疑問都會認為性騷擾是公司之恥，覺得是見不得人的醜聞。不過當然也有例外，遇到這種情況，身為被害者的你，只好採取最後的手段。

你要請律師發函給處理性騷擾問題的總務或文宣等管理單位的董事，說明「貴公司發生如此醜聞，找上司或人事部經理商量，結果卻石沈大海……」。公司一旦接到這樣的信函，必定會有所行動，到了這樣的地步，沒有公司敢不採取行動的。

在女性職員或女工讀生之間，會不斷交換「那個人色瞇瞇的，很討厭，你要小心」的傳言，這樣的資訊要注意嗎？

攻守策略——活用傳言資訊鎖定特定人物

想避免性騷擾危機，應該怎麼做呢？

重要的是平常的心態，這一點非常重要。

據說會性騷擾的男性，都會瞄準兩、三個以上的對象。因為在女性之間大多會不斷積極交換「那個人色瞇瞇的，很討厭」的資訊，鎖定需要注意的人物，對於新進女職員，也會傳達「那個人很危險」的情報。

既然敵明我暗，就該活用女性同事的網路，不讓敵人越雷池一步。這位性騷擾的男性即使再不要臉，如果所有的女職員都鎖定了自己，也就無機可乘雖然上司說是國外出差帶回來的名產，但只送別人巧克力，卻送我昂貴的圍巾，雖然覺得「為什麼只送我？」卻又改想「可能是特別眷顧我」，就高興地收下了，這樣做不對嗎？

攻守策略——拒絕單獨接受禮物或用餐

一旦收下昂貴的禮物，可能會成為性騷擾的第一步。也就是說，你必須認為不自然的「好意」的下一步驟，就是期待你對他好意的回報，如果你不願意邁向下一步，絕對不要接受不自然的禮物。告訴對方「抱歉！如果只有我一個人獲得圍巾，其他的人會嫉妒」，斷然拒絕，對方應該就不會採取下一步驟。

同樣的道理，如果邀請你單獨用餐，也絕對不可以接受，例如在與主管個別面談等的場面，對方會若無其事地說：「你看起來很沒精神的樣子，我想吃個便餐，順便聊聊你的事吧！」邀請兩人一同進餐，卻沒有特別的理由時，你可以說，在公司的會議室談就夠了！

對方邀你用餐的場所也要特別注意，如果對方說「肚子好餓，到附近吃個飯吧！」對於這樣的話，就沒有過於警戒的必要，但對方如果要選一處景色優美的地方吃全套法國大餐，就是危險信號了。

你不妨認為對方選擇風景優美的飯店，有心付出昂貴代價，營造羅曼蒂克的氣氛，是有相當理由的，這種行動絕對不安好心。

縱然對方強迫邀請說「已經訂好地點」，也要斷然拒絕，即使因為洽公延誤，到了用餐時間，也不可以到「高危險群」的餐廳，這時你可以說「對於價格如此貴的地方我敬謝不敏，我想到附近的小店就可以了，既輕鬆又省時間」即可。如果非去不可，也要事先告知你應該回家的時間，例如「只有一個小時的時間」。

總之，你要以毅然的態度面對對方，謹記佳餚、美麗的夜景、精美的禮物及甜言蜜語，這一切固然令人心動，卻是誘惑的魔手。

拒絕性騷擾近身的另一方法，就是在辦公桌上放一本有關性騷擾的書（例如「性騷擾擊退法」），心無邪念的人當然不會有什麼想法，但心中有鬼的人就會被嚇退。以前曾來找我商談的一位外資連鎖企業女職員，就曾經成功的使用過這一招，因為這本書表示了你對性騷擾的立場，雖然簡單，卻是相當有效的方法。

以上的心態是最低限度的心理準備，如此才能保護你免於性騷擾的恐懼。

遭到無謂的誤解時

與我們有工作上關係的事務所位於賓館街的附近，我與這家事務所的女職員走在一起時，卻突然碰到自己公司的人，後來對方對我採取怎麼看都是誤解的態度。自己的辯解會愈描愈黑，這時要採取什麼態度？

攻守策略——要據理力爭表明清白

雖然明明是無辜的，但對你心存惡意的人有時會扭曲事實，打小報告，遇到這種情況，必須據理力爭。既然是無辜的，自然問心無愧，所以可以不斷持續表明自己的清白，務必以毅然的態度明白告知。

例如牽扯到男女之間的問題，就不可以打馬虎眼，認為拚命否認太孩子氣了，這是不對的，因為這種問題會在周遭人的心中留下疙瘩，進而造成整個組織的士氣低落。既然你是無辜的，對於外界的傳聞視若無睹、充耳不聞，會使周圍的人有樣學樣，對壞事失去抵抗力。因此，即使只是傳言而已，也要起而抗辯，這才是保護組織及自己的做法。

從失敗例子學習澄清的方法

議員菅直人的緋聞，就是一個失敗的例子。

因為他是政治人物，在發生緋聞時，更應該考慮到政治生命的危機，既然如此，更應該分清楚什麼才是重要的。

菅直人的主要票源是來自女性，至於他所屬的民主黨，也被認為是不可欠缺女性選票的政黨。既然如此，就絕對不可以使女性產生厭惡感。以此為前提來思考，正確答案就出來了。

首先，他當然不應該在記者會上面露怒意，更何況他還緊追不捨地追問記者，難道他忘了自己就是以軟性笑臉的自我形象贏得女性喜愛嗎？另外，我個人還認為菅議員根本沒有必要回答在房間中發生之事，因為這樣的事一旦說了出來，只會使民眾失望而已。

當時他應該明白解釋的一點，就是公私混淆的部分，以便證明他自身的清白。最聰明的方法，就是找民主黨的會計負責人一同召開記者會，不要自行申辯，而是借用客觀的他人之口，來說明他匯款到她事務所是光明正大的事。

由會計負責人回答：「我們承認有這次的匯款，關於這一點，是我的責任，但我絕不認為這次匯款有任何不法的情事，至於使用飯店，本黨也認可黨員使用飯店工作，家人或朋友有事可以前往飯店拜訪，並非為了與該名女子幽會才使用飯店，再將費用轉嫁給黨部。果真如此，那真是不可饒恕的不當行為，但調查結果證明事實並非如此，我以黨的會計負責人的身分，判斷並無不法。」

之後再由菅議員進一步充滿誠意地回答：「身為政治人物，也是黨的代表，我由衷感到抱歉，這是一次不該有的行為。」至於在房間內發生的事，不論記者們如何緊咬不放，也要以「無可奉告」堅持下去。

最要不得的就是做了錯事，還厚顏無恥地強詞奪理。既然事情已經發生了，就不能推諉，還要有「就算不能百分之百回復選民信心，至少也要保留百分之五十」的心態。再者，說謊就是企圖挽回百分之百清白的行為，而這是辦不到的。

使人產生好感的應對

某次有位相撲選手被發現同時向兩名女子求婚，在回答訪問時，他說：「可是兩個我都很喜歡。」我覺得這個回答還不錯，結果大家難免噗嗤一笑，心想「這倒是有可能的事」而能諒解。因此，雖然這名男子的行為有待商榷，卻不至於使人產生厭惡感。也就是說，一旦外遇或三角關係曝光時，務必要以人人都能肯定的方式收拾善後。做錯了事反而蠻不講理，或過於精打細算，只會使人徒生厭惡感而已。

同樣是外遇，也必須建構純情的故事情節，其中最成功的例子，就是藤綾子，當她的對象自殺，使外遇曝光時，她所說的是「明知道不對，我卻怎麼樣都無法壓抑自己的心情」，說得極為動聽。我要附帶一句，她的東山再起是意外的迅速，所以風塵女子對於採訪應該要如此應對。

「我錯了，真是抱歉，我由衷向家人、各位民主黨同志及各方人士致歉，只是菅先生實在太有魅力了，使我不知不覺心生憧憬之念。」

如果有意包庇菅議員，我想只有這樣子的說法才能奏效。因為世上的男性必定會在心中肯定地認為「可能只是妳單相思、主動獻殷勤」而能有所了解，至於女性們也只能失望地心想「原來菅直人也逃不過男性的宿命。」結果使傷害降到最低限度，不是很圓滿嗎？

要考慮自己站在什麼樣的立場，再來處理事情，這就是捲入緋聞時應該採取的基本態度。

第二章

有關自己或家人的不安與現實

孩子們的心思無法捉摸

由於工作的關係，我出外演講的機會很多，有時是應邀到教育機構演講。前幾天我到了中部地方，參加一群職位相當於教務主任的學校人物聚會，他們的年齡和我差不多，都在四十至四十五歲左右。

我當場問大家：「有誰知道自己的孩子是幾年幾班？知道的人請舉手。」結果場內一陣騷動，起初沒有人舉手，不久後才這邊一個、那邊兩個沒什麼自信地舉起手。我接著再問：「誰說得出孩子級任導師的姓名？」這次幾乎所有的人都低下了頭，想不到連學校老師的情況都如此糟糕！

如果孩子某晚突然沒有回家，怎麼辦？由於社會治安惡化，所以綁票、離家出走在今後恐怕只會有增無減。

即使打電話到學校，已經深夜了，還有誰會待在學校？那該怎麼辦？第一個做法就是打電話向孩子的級任導師或同學詢問，不是嗎？說實在的，至少你應該知道級任導師家中的電話號碼，而孩子的朋友姓名及連絡處最好也要知道，但不知為什麼，家長就是沒有這麼做。

某一天，唸高中的女兒離家出走，她就讀的學校校規嚴格，如果連絡警察，被學校發現，可能會被勒令退學。如何做才能使女兒平安回家？

攻守策略——從同學身上找線索

這是我朋友A先生最近發生的事。我首先問A先生：「你女兒有沒有帶呼叫器或行動電話？」當時A回答：「有是有，但我不知道號碼。」我又問：「那麼，最要好的朋友是誰？」A先生回答：「被你這麼一問，我才想起來，念國小時有位要好的同學是鄰居，但現在上了高中，她交了些什麼朋友我也搞不清楚。」

於是我就勸他說：「於今之計，就是趕快找到小學時的朋友，而且必須把真相告訴那個孩子，請他告訴你，女兒國中時要好的同學是誰。」結果，小學同學告訴

A先生他女兒在國中時要好的同學，再由這位國中同學為A先生找出女兒在高中的好友。

在找到女兒高中朋友的連絡處之前，可能花了三天的時間，我就請這位同學趕快在他女兒的呼叫器留下訊息：「快打電話回家」。

結局是女兒投宿在男友家中，而且被男友的父母責罵：「你這是在做什麼，不回家怎麼行？」剛好心裡在想：「怎麼辦，萬一回家又要挨罵，乾脆就此失蹤算了」時，呼叫器就響了，女兒這才打電話回家。真是千鈞一髮，萬一她沒有收到訊息，最後會跑到哪裡去呢？後果真是不堪設想。

我有個念高中的女兒，她沒有染髮，好像是乖孩子的樣子，雖然家中設有門禁時間，但回到家時往往很晚了，我追問，她也保持沈默。在媒體上，「援助交際」成為熱門話題，我寧願相信這件事不可能發生在她身上。我想知道的是：女兒在外面都做些什麼？

攻守策略——1.生理、心理狀況要時時注意

圍繞在孩子身邊的環境比大人想像的更為險惡，為了保護孩子，做再多的危機管理也不為過。人人都需要進入待機狀態，一旦有需要，要能立刻採取行動，這樣的態度很重要，也是父母的義務，不是嗎？聽我一位醫生朋友說：「最近年輕孩子的性病增加了不少。」原來他們都毫不在乎地跑去風化場所打工，對性病的知識也付之闕如。

根據我目前所了解的是，一個沒有男朋友的女孩之所以到風化場所，就是因為在男人國中感到吃香，驅使她開始在那裡工作，其目的不是為了金錢，只是為了享受那樣的感覺。如果因此而染上性病，甚至感染愛滋病，難道不會後悔一輩子嗎？

攻守策略——2.不要只是禁止，還要教導危險性

與其禁止，不如放手讓孩子們去做，但事先要告訴孩子什麼地方危險、是什麼

樣的危險很重要。例如與其禁止到河裡游泳，不如准許到河裡游泳，但事先教導他們危險性及指導他們游泳。

例如河中有些地方的水流會變成激流，所以過深的地方就不要去；河底有水藻，很滑溜，要注意。到了河邊，如果站在不穩定的石頭上，會有滑落的危險，河中的水溫比游泳池或海水低，要仔細做好暖身運動，游泳時要脫鞋。

諸如此類該教的事情很多，並可以利用教導的機會，培養與孩子間的信賴關係。也就是說，與其告訴孩子「不要靠近河邊，才不會溺水」，不如改說「脫下衣服、鞋子再游泳比較不會溺水」更能保護孩子。但幾乎所有的父母都沒有做到這一點，而是朝著事事禁止的方向保護孩子。

對於就讀高中的女兒，劈頭就罵「交男朋友還太早」的父母很多，萬一被父母禁止交男朋友，女兒就只好暗中偷偷交往了。

現在是資訊化的時代，高中生不可以談戀愛或發生性行為已經不是父母能禁止的事了，所以與其禁止，不如教導避孕方法會更為務實。但為什麼父母會拚命增加對孩子的禁止事項呢？答案很簡單，因為一味地禁止，對父母管教而言比較輕鬆，也就是說，如果真的出了事，也可以拿「我曾經加以禁止」來規避心理的責任。

面臨家庭驟變的噩耗

雙親在一次車禍中當場死亡，留下襁褓中的孩子，這個時候，其家中的財產管理等我一概不知，也不知道他們有沒有保險。遇到這種情況，相關索賠事項由親戚申請理賠就行了嗎？

攻守策略——掌握保險理賠時效

世事多變化，誰也不知道什麼時候會發生什麼事，這是一個意外如同家常便飯的時代。你有沒有防患於未然呢？

人總是會說「不會輪到我吧！」但這世上雙親在車禍中雙亡的事件時有所聞，而留下來的就是孩子。這個時候，孩子們對於家中的財產管理是一竅不通，說不定父母在外面欠了一屁股債，或是有借錢給別人，至於有無投保也不清楚。也就是說，車禍的遺族是在如同一張白紙的狀態下，就被拋到冷酷的社會中。

根據日本現在的保險契約，理賠必須在三年之內申請，否則無效。如果你為了「預防萬一」，且顧慮到家人的生活保障而保了壽險，但家人卻不知道有這件事，此時就無法申請理賠了，結果長久以來省吃儉用繳的壽險就這麼飛了。

其中也有「良心未泯」的保險公司，會斟酌情況即使事隔三年，仍然願意理賠。但現在時局這麼低迷，壽險本身也是滲淡經營，怎麼可能如此大方呢？今後可能任何一家人壽保險公司都會以契約為依歸，說「已經過了三年，不能理賠了！」，可見時效的規定變得愈來愈嚴格。

妻子因為腦溢血而倒下，戶頭的密碼不知道也就罷了，連存摺或印鑑也不知道放在哪裡，無法領出現金。此外，也不知道她加入什麼醫療保險，所以無法辦理住院手續。因此，有沒有可以好好掌握壽險或存摺的方法？

攻守策略——明確記下家中財務狀況

所有種類的保險、債權、債務及資產等要做成一覽表保管在家中，並告知妻子、子女保管地點，再密封一份，找另外的地方（像是自己的兄弟、父親或值得信賴的朋友）寄放，因為家中有遭祝融之災的可能，所以要有雙重的保護措施。

關於卡片的密碼，只要到金融機構說明情況，他們應該就會告訴你。但如果不清楚保險、債權及資產而置之不理，就有可能變成一張一文不值的廢紙。如果借錢給人，一旦人死了，借貸的一方可能會竊喜「哇！真是走運」而不了了之。如果是欠錢未還就死了，借出錢的一方若是混蛋，很有可能會以「利息是十天一成，本利合計是多少」，要求你的家人付出鉅款。

接到父親突然過世的通知而趕往醫院，看到有一群人也口口聲聲哭叫著「爸爸」，令我吃驚的是，原來自己的母親是「細姨」，如今回想起來，父親藉口出差不在家的時間的確不少，我擔心今後的生活不知道要怎麼辦？

攻守策略——生前宜條列財產清單，以備不時之需

這個世界真的無奇不有，甚至比小說情節更為離奇的事也一再發生，所以「不可能的事隨時都可能發生在你身上。因此，必須好好條列財產清單，萬一出事才無後顧之憂，即使你死了，不論別人說什麼，你的家人便能以「其他與我們無關」一句話就推掉。

當然，留下遺囑也是方法之一，但在遺言中大多未能詳細記載清單，幾乎所有的人寫的都是「依法定程序處理」之類的形式性聲明。其實，在生前能詳細留下遺囑的人，比想像中意外地少。而且，有必要寫遺囑的年齡，以三、四十歲的壯年人最為需要。但幾乎所有的人都深信「自己絕對不會有問題」，想都沒想過要寫財產清單，到頭來真的會「死無對證」。

突如其來的地震災害

一九九五年一月十七日上午五點四十六分，日本發生強度七級的大地震，震央在淡路島北端，阪神地區受到二次世界大戰後最大規模的損害。如今人人傳言「東京會受到上下震盪型大地震的侵襲」，不知道應該有什麼對策？

攻守策略——1.時時提高警覺防患未然

在神戶、阪神地區發生了毀滅性的地震，救災事宜凸顯了政府、行政體系的無能，安全管理也敲響了警鐘。從那個時候起，已經過了四年的時間，總覺得人人都忘了大震災的教訓。在電視上看到怵目驚心的景象後，大家立刻囤積礦泉水，或把避難用的背包放在枕邊，或在傢俱上裝上扣子或鍊子。

可是過了兩年左右，人們又恢復到普通的生活，背包放入儲藏室，礦泉水喝完了也不再補充，連手電筒的電池也都用完了，情況不是如此嗎？更何況是過了四年後……，如今，百貨公司耐震工具的賣場早已乏人問津。

其實阪神大地震發生的日子，正是離開李克列特公司的我準備進入諾葉畢亞公司之前四天的事，因為諾葉畢亞的總公司就在神戶的人工港島，結果從進公司的那一天開始，我就親眼目睹了震災的處理方式。

遇到大規模的地震，有必要搞清楚什麼是最棘手的事。阪神大地震發生在黎明時分，是許多人好夢正甜的時候，據說匆忙逃生時，整個房間都是四散的碎玻璃，情況非常危險。所以在枕邊應該放置緊急時可以穿的鞋子，像這樣的事，除非有過親身體驗，否則很難會設想到。

攻守策略——2.生活用水最重要

當然，水是最實際的問題，其實飲用水還可以確保，傷腦筋的是生活用水，因為沒有水就不能洗東西，因此，不必清洗、用完即丟的紙餐具很方便，也有人在食器上包保鮮膜，用完就撕下丟棄等，可以設想的方法很多。

說實在的，缺水真是很不方便，所以自備大水槽是不錯的點子，但裝水的大水槽無法徒手搬運，據說像空服員所使用的推車、嬰兒的娃娃車、免充氣的自行車或越野車，都是理想的搬運工具。

攻守策略——3.確保交通路線、連絡方法

交通路線受阻，放眼望去一片瓦礫堆，汽車當然只能通行有限的地區，所以有報告指出，像機車、自行車就是因為不怕大障礙，可以小轉彎而活躍一時。

當然，確保通信方法也很重要，不只是要確認平安無事，還可以調度必要的生活物資，所以無論如何都要確保通信無虞。但阪神大地震剛發生時，災區因為停電或電話管線破裂而無法通話，人們對於在還能維持正常的ＮＴＴ（日本電信公司名稱）線路的公共電話前大排長龍，都還記憶猶新。

據說行動電話比較容易撥通，其實電話公司良莠不齊，有的容易接通，有的則否，所以如果家中有數人擁有行動電話，分散使用不同公司的門號會更好，「分散風險」也是應有的態度。

我要再三強調，阪神大地震的教訓早就被遺忘了，但我們不可忘記最低限度的準備。就像考駕照的講習一樣，不妨兩、三年重看一次可怕的影片，警惕一下遺忘的心情。為了自己與家人，定期播放阪神大地震的影片似乎有其必要。

雖然還談不上防災對策的程度，但有一件事是一定要做的，就是發生災害時，要先決定家人四散時的避難場所或連絡場所。在東京街道上，到處都有畫著避難場所的地圖，要將它們都記在腦中，請家人們互相確認。為了避免一旦住家損毀、生活遭到破壞、家人四散時你的不安及恐懼，根本之道應該從這裡做起。

誤中產險公司的陷阱

> 我每次開車都覺得很不安，就算是自己小心翼翼，但說不定隨時會有人撞上我，所以我買了車險，但這樣做就萬無一失了嗎？

攻守策略——1.評估現場情況避免全權委託

凡是買了產物保險的人，很容易會覺得可以高枕無憂。其實這種糾紛在最近相當多，我也剛被捲入這樣的麻煩。

不久前我在開車時被人從後方追撞，因為是在等紅燈的停止狀態下被追撞，顯然錯在對方。對方的散熱器外緣受損脫落，引擎蓋凹陷，我的車只有保險桿受損，我也沒有受傷。這個時候，追撞的人該怎麼做呢？許多肇事者會先與保險公司商量，但接受諮詢的保險外務員又不是律師，卻一口答應：「好！我知道了，一切包在我身上。」以代理人的嘴臉，一手包辦善後處理的全部理賠。

理賠單位有經辦事故的人，這個事故經辦人直接接洽被害者，因此肇事者會誤以為他們能包辦一切而全權委託。遇到這種情況，鬧出大麻煩的危險性很高。

為什麼？首先，保險公司的事故經辦人會在道義上向被害者道歉，其實他自己並沒有任何責任，根本沒有做過需要道歉的事，怎麼可能真心道歉呢！所以他只會在口頭上說：「抱歉！你身體要不要緊？」

攻守策略——2.基於道義應主動聯繫

這是發生在我身上的實例。

剛開始產物保險公司打電話來時，我不在家，所以對方就在答錄機中留下「請回電」的訊息。我是受害者，又是初次通電話，就要我「回電」，真是無理又無禮，一開始就令我感到不愉快。根據一般常理，應該是說「再與你連絡」才對。

其實剛發生事故時，後車走下來的男子，是態度非常謙虛誠實的人，他建議說：「車子由我修理，能不能不要叫警察？」我回答：「絕對行不通，因為如果沒有領到事故證明，就無法申請保險理賠。」

兩車相撞時，肇事者的第一個念頭就是不要讓警察介入，雙方和解算了。或許對方是怕被扣駕照的點數，或遇到各種麻煩事，但這時請警察協助其實也是為了肇事者設想，我自認為是善意的因應。

肇事者約好隔天上午打電話來，我卻空等了一個早上的電話，因為下週有高爾夫球的預定行程，我怕到那天之前車子若未修好，就傷腦筋了，於是便將車子開到修理廠，想儘快將車子修好，可以減輕代用車等肇事者負擔的費用。可是下午才打來的電話，卻留下「請回電」的訊息。

需要「回電」是一件令人非常不愉快的事，但我還是撥了電話。接電話的事故理賠經辦人問了：「有沒有受傷？」又問：「現在車子如何？」我就回答：「一大早就開到修理廠去了，因為愈慢修好，租代用車的時間就愈長。」

經辦人只說了一句「那就好了」，如此而已，連聲「謝謝」都沒有，本來應該由闖禍的一方開車去修理的，這使我更加火冒三丈。接著我說：「我的車不能開，怎麼辦？」經辦人說：「那就準備代用車好了。」對於這樣的建議，我回答：「代用車比較貴，我就按照我的需要叫計程車好了。」這也是我的善意說法，想不到對方竟然問我：「你準備要花多少錢？」

這下子又被對方挑起怒意回說：「你問要花多少錢，難道你在懷疑我嗎？我是怕你們的負擔太大，才會這麼說，總不會超過代用車的費用吧！」但經辦人還是一再追問：「不，還是想請問一下會花多少錢？」我就回答：「我也不知道，依常理判斷，一天頂多五千至一萬日圓之間。」「好，那只能這樣了。」說得好像很痛心的樣子。我的怒火無處發洩，不自覺地自言自語：「我為什麼要吃這種悶虧！」

前面已經說過，我下週有個高爾夫球預定行程，我與球友約好在靜岡的旅館會合，再到沼津的高爾夫球場去。從靜岡的旅館到沼津的高爾夫球場可能要花一個多小時，我原本打算開車前往，現在我的車子不能用，能使用的自用車只剩下兩部。

這次行程一共有九個人參加，要九個大男人擠在兩部車裡實在很難搞定，其中一部後座勢必要坐三個人，而我就坐在後座三人的正中間，因為位子狹小，身體漸漸感到疼痛，而與疼痛成正比的是一肚子的怒氣，心想「要是沒有那次事故，就不會……。」

令人生氣的理由還延續到隔天。因孩子運動會補假，我們約好一起去釣魚，現在車子沒了，當然動彈不得，那天早上孩子催著「不是講好要帶我去釣魚的嗎？」我只好回答：「沒車子，沒辦法。」但這樣的理由卻對孩子交待不過去，父子倆於是鬧起了彆扭，逼得我更為怒火中燒。

在我行動不自由的這段期間，肇事者沒有任何表示，如果隔天打個電話詢問「你身體怎麼樣」，我對肇事者的印象還不至於如此惡劣。

攻守策略——3.不要將責任一味推給產險公司

所謂的汽車保險，只不過是在經濟上的賠償而已，你損壞別人的東西，如果只是修復卻不道歉是不對的，金錢並不能解決一切，為何投保的真正用意可別忘了。

那麼，到底是誰該道歉？「肇事者本人未能誠懇道歉」才是問題所在。沒有好好道歉，只是指示保險公司處理經濟上的理賠，難怪會惹來受害者一肚子的怒氣。還好這次我沒有受傷，如果因為受傷導致好幾天不能工作，我的怒氣絕對會加倍，事情就沒這麼容易了結了。

你應該謹記，把一切推給保險公司包辦而忘了道歉，這樣的人之後被要求賠償的危險性會更高。

身陷騙局竟渾然不知

最近常聽到這類的詐欺事件：例如池谷幸雄出售法拉利的車款被侵佔、馬拉松選手瀨古碰上房地產詐欺。那麼，如何才能避免受騙呢？

> 隨著不景氣的延長，惡劣的案件成為媒體的熱門話題，像是訛騙老人、私吞財產的律師或使用網際網路的詐欺。我沒有什麼財產，應該不會受害，但是想知道該注意些什麼事？

攻守策略——1要小心「好康」的建議

無論如何，詐騙的一方都必須要能引對方入甕才行。以釣魚為喻，就是要準備最好的餌，當你發覺「竟然有如此好康的賺錢機會」時，就應該要懷疑是詐欺。

攻守策略——2要注意迫不及待的語氣

此外，凡是會幹詐欺勾當的人，必定都很心急，理由是要儘早講定。當雙方深入交談，覺得對方似乎迫不及待要講定時，就是第二個危險信號。

攻守策略——3懷疑不自然的建議

在詐欺案件中，對方會逐漸說出顯然「不自然」的事。所謂不自然的事，包括不能到他家去，或不要打電話到公司找他等，這個時候，他會以各種理由搪塞，例如「現在我與上司有點不和，打電話到公司會有點不方便」、「太太生病了，不要打電話到我家裡」。因此，當對話開始「不自然」，或令人有「奇怪」的感覺時，危險度就更高了。

攻守策略——4留意看不出對他會有什麼好處的建議

凡是完成這件事後，對方卻一點好處也沒有的情況也很危險。例如對方提議以五十萬日圓收購只值二十萬日圓的老爺車時，心想「換成是我才不幹」時，應該要判斷對方可能一開始就無意付錢。

站在對方的立場來思考，事有蹊蹺時，不管對方的建議多麼動心，絕對不能陷入險境。

> 我一直想把女兒送進私立的明星小學，剛有這個念頭時，就有人介紹我認識一位熟悉那學校理事的人，我便聽信對方的說法，給了老師○○日圓、理事○○日圓，結果女兒並未錄取。難道信以為真的我太笨了？

攻守策略——小心趁虛而入的考試騙術

考季一到，與考試有關的詐欺就成為熱門話題，「想順利入學要準備○○萬日圓」的所謂「走後門」的勾當，自古俯拾皆是。

對於無論如何都想讓孩子進入明星小學就讀的父母而言，這是很難避免的問題，但他們卻有個會被依法起訴的弱點，因此只能忍氣吞聲、暗自飲泣，成為詐欺犯眼中的肥羊。

不只是這個例子，鑽法律漏洞的詐欺非常多。凡是我方無法採取法律途徑的事，對詐欺犯而言是最安全的。此外，詐欺犯所相中的目標可能還包括一般人放心而不在意的部分，或有人熱衷其中、一頭栽進去的事情。詐欺犯很會觀察人，為了不受騙，你也應該多多觀察旁人。

透視詐欺的要點，以上所說的幾項，不會全部都在一次出現，只是至少可以看出其中的一項。也就是說，不論對方多麼高明，也無法完全隱藏事實。因此，受不受騙，端看你的注意力而定。

外遇突然被發現

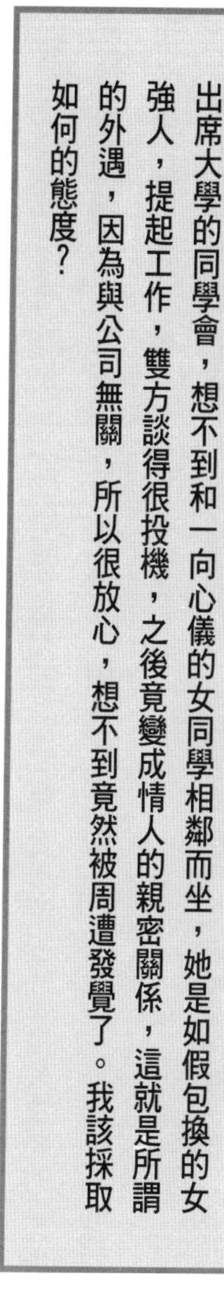
出席大學的同學會，想不到和一向心儀的女同學相鄰而坐，她是如假包換的女強人，提起工作，雙方談得很投機，之後竟變成情人的親密關係，這就是所謂的外遇，因為與公司無關，所以很放心，想不到竟然被周遭發覺了。我該採取如何的態度？

攻守策略——1.不要隱瞞就無威脅把柄

當然，這種事在釀成某種問題之前，沒有告訴妻子的必要。萬一自己的外遇被周遭發現了，一般人大多會隱瞞事實，雖然隱瞞的方式很多，但其實不瞞還好，愈瞞反而愈正中壞人下懷。因為一旦隱瞞，就會成為弱點而凸顯出來，凡是心術不正的人，就會想辦法攻向你的弱點，從你身上撈一票，以滿足自己的要求做為交換條件。只要不隱瞞，就沒有弱點可言，一旦隱瞞，就成了弱點，雙手奉上遭人威脅的把柄，再也沒有比這更笨的事了。

攻守策略——2.與外遇對象維持信賴關係

換句話說，弱點就是吸引壞人的蜜糖，因為心存想要隱瞞外遇的想法，所以捲入麻煩的危險性更高。那麼，外遇曝光時，認罪就萬事OK了嗎？如果被妻子發現，「認罪」是天經地義的事，但萬一外遇在公司曝光，一旦認罪，可能會動搖自己在公司內的地位，這個時候該怎麼辦呢？雖然有點脫離本章的主題，但最重要的是鞏固與對方的關係，也就是建立信賴關係，因此，絕對不可以對她流露出逃避的態度。最淺顯的例子，就是柯林頓總統的醜聞。

柯林頓的智囊團最大的錯誤，就是忘了關照李文斯基。這只是我個人的想法而已，不過我猜在醜聞曝光時，柯林頓無法再與李文斯基見面，甚至也無法連絡，結果使得李文斯基突然感到不安，心想一旦曝光，就會被對方甩了，如此一來，女性的自尊心會受到傷害。

自尊心受傷的女性，會因為判斷錯誤而點燃報復之火。事情一旦公開，最吃虧、最受傷的確實是李文斯基本身，因為從此之後，一輩子要過著「哇！她就是柯林頓的……」受人指指點點的日子。雖然如此，她仍然付諸行動，主要就是因為自尊心受傷，產生被背叛的怨恨，不是嗎？

凡是男女之間的問題，只要當事人否定，不管被說成什麼關係，都沒有證據可以證明，不管別人怎麼說「有」、說「聽過」、說「看過」或說「你說謊」，只要當事人堅持「絕對沒有」，周遭的人也無計可施。最重要的是與對方的信賴關係絕對不可以崩解，單靠這一點，就可以防止90%的緊急事態。

攻守策略——不說無心的謊言

> 我完全沒有與妻子離婚的念頭，卻在向別的女人灌迷湯時脫口說出「其實我現在和太太處不好」，想不到一語成真，現在陷入泥沼狀態。我該如何掙脫？

為什麼說出如此的話？那是想做為欺騙對方的藉口。一個已婚的人與未婚者談戀愛時，會產生心理上的不平衡，因為這兩個人不是平等的。例如約會過後，男人必須回家，要回去有家人等待的家，但單身女性卻是回到一個人住的屋子，如此的不平衡，會造成男人良心的苛責。這種苛責在遇到情人節、聖誕節或過年等節慶時會更為膨脹。此外，女人也會問：「你和太太處得如何？」

為什麼會如此問？目的是想確定「你是逢場作戲或真心愛我？」既然如此，如果聽到男人說「該回去了」，就會問：「這麼快就想回到太太身邊？」企圖確認他的心態。被這麼一問，男人的回答只能有一句：「和妻子之間處得不好」，會比較容易脫身。不傷害對方的自尊心，付出最大限度的關懷，以禮相待，就是這樣而已，否則結果會很可怕。

另一方面，外遇有一套的男性，都會異口同聲說：「我的家庭很美滿，常有已婚男人說他的家庭不美滿，萬一妳和這樣的傢伙交往，小心步上後塵，你也會遇上像他妻子一般的境遇。只是，一個男人未必能和最喜歡、最合適的女人結為連理，如果第一次就能遇上如此的人，那是最好不過，但男女邂逅的順序如何，誰也不知道，不過，人總是要講原則的，能夠不背叛就不要背叛，所以我絕對不會違背家人。或許你和這樣的男人談感情很划不來，但戀愛的唯一終點並不是結婚，所以我決定盡我所能呵護你一輩子。」像這樣的詭辯，對於陷入「情網」的女人是通行無阻的。

雖然外遇要講究安全是根本辦不到的，但如果想勉強辦到，這是唯一的邏輯。對女人絕對不可以說出全然無心的謊話，使對方心存期待，或傷害了她的自尊心，這會產生最壞的結果。也就是說，愈是不說出決心，將結論向後延，愈會招來惡劣結果。

面臨債台高築的狀況

不考慮自己的支付能力，以信用卡或分期付款大肆採購，這是因為無法承受壓力，才開始瘋狂採購，但我聽說只要申請自我破產，就可以不用還錢。不過，任何人都可以申請嗎？

攻守策略——弄清自我破產的免責認定

自我破產這句話大行其道，但如果你誤以為什麼事都可以使用自我破產，就大錯特錯了，因為它的判定標準很嚴格，如果是惡意設計破產狀態，有時會被控詐欺罪。很多人申請自我破產的目的是想逃避還債的義務，但自我破產分為有責及免責，除非有免責的認定，否則所積欠的債務仍然要還，沒有這麼好康的事。因此，即使債台高築，認為只要申請自我破產就可以一了百了的人要小心了。

負債累累，落得要申請自我破產時，大多說不出需要錢的原因，無法向家人說明為何要用這麼一大筆錢。

使用信用卡等購物，結果控制不住，超額負債，就到街上的上班族金庫（專門借款給上班族的銀行）借錢，如今街上甚至還有自動櫃員機，根本不需要擔保就可以借錢。因為借錢很輕鬆，結果愈借愈多，一直到無力償還並不需要太久的時間，於是討債公司便開始與你連絡，等接到討債公司的通知，曾向上班族銀行借錢的事被丈夫知道了，就必須說出借錢的理由。自己的秘密一旦曝光將倍感困擾，所以很多人明知危險，還是鋌而走險，向俗稱的「高利貸」借錢（利息高達十天一成）。

向上班族銀行借錢，如今還不出錢，討債公司就天天打電話來，甚至登門討錢，請問有沒有辦法可以避免？

攻守策略——勇於面對討債公司的催討

如果到了這個地步，就要在討債公司初次登門的階段，便鼓起勇氣向家人說明。至於你逃避討債公司的方法是什麼？陷入這種事態的人，常常會做一夕致富的白日夢，到了賽馬場不買看好的馬匹，偏偏要買冷門的馬，企圖一舉發財，結果又賠了一大筆錢。

到了這個地步，對於金錢的感覺會漸趨麻痺，被討債公司到處追趕，欠的錢不管是五十萬日圓、一百萬日圓、一百五十萬日圓或兩百萬日圓都一樣，在做一夕致富的白日夢時，所下的賭注就會愈來愈大，甚至於和負債一樣多，所以負債就如滾雪球般愈滾愈大。

為了避免一錯再錯，必須冷靜地以天秤衡量事情曝光與一再拖延的風險。

這與將病症向後拖延的道理一樣，盲腸切或不切？蛀牙治或不治？因為治療蛀牙很痛，就一拖再拖，結果蛀牙更為嚴重，治起來更痛。不必說，何時叫停最聰明？當然是在疼痛最小的初期階段。

妻子對金錢的感覺好像麻痺了，我聽她娘家說她瞞著家人向朋友借錢，我該如何阻止呢？

攻守策略——平時多注意家人的可疑行動

有一個方法，就是請家人提醒她。秘密之類的事，是不可能隱瞞太久的，周遭的人到了某個時間必定會發覺。因為肇事的本人很難啟齒，所以由周圍的人為她設想很重要。

但到頭來，這也是你對妻子有多關心的問題，如果你關心妻子，至少可以避免最惡劣的事態。妻子也一樣，如果關心丈夫，只要打個電話問婆家或親友，就能趁早解決問題。由此可見，危機管理的最大要點，就是「關心家人」，反過來說，自我破產的案例增加，說不定是因為社會上對家人漠不關心的人增多所致。

因爲繼承遺產而手足失和

母親腦溢血倒下時，唯一的哥哥沒有到醫院探望，反而回到家中拿出母親的存摺及印鑑，還將櫃子上了鎖。嫂嫂還說：「我們沒有把遺產分為兩分的意思，你要抗議，就去找律師。」使我受到很大的衝擊。根據現今的法律，遺產不是要平均分配給子女嗎？

攻守策略——親族間應保持密切的溝通

由長子繼承所有財產的時代早已結束，但腦筋冥頑不靈的父母仍然不少，尤其是鄉下地方，這個傾向更強。在鄉下，寫出「全部財產都給長子」這種遺囑的父母很多，不只是優遇長子，還存有根深柢固的重男輕女觀念，甚至留下「出嫁的女兒什麼都不給」的遺言。

由長子繼承所有財產的時代，是由長子繼承農田，讓佃農種稻養活全族，也就是由長子照顧全族的時代。這樣的做法在現今就會被罵「笨蛋」、被看成是愚蠢的行為。但現在已不是由長子照顧一族人的時代了，長子既不照顧妹妹，也不照顧弟弟，甚至罔顧親人的人也不少，想不到依然留下由長子繼承所有財產的想法。

此外，還有相反的情況，就是兄弟姊妹推說「你是長子，當然要照顧父母」，就把癱瘓在床的父（母）親推給大嫂照顧。一直到父母去世都完全沒有出力的其他兄弟，卻主張平分遺產的例子也不在少數。

不管遺言的內容如何，繼承人可以請求繼承法定二分之一的遺產，如果長輩留下「由長子繼承全部財產」的遺囑時，不論在誰看來都會覺得奇怪，如果其他兄弟要求分錢，整個家族就會吵成一團。

「既然這是父母的遺言，你也不必多說什麼，就在放棄繼承權書上蓋章吧！」

這種態度最危險。應該先充分了解法律上的權利，鉅細靡遺的說明不可欠缺，充分溝通最重要。

如果遺產不能立刻現金化，只留下土地，而長子家人又住在其中，麻煩會更為複雜化，時間也會拖得更長。利慾薰心時，人難免會失去冷靜，只要考慮彼此的立場，為將來的關係設想，就可以做出更好的判斷、結論。為人父母者，為了避免原本和睦相處的兄弟為了爭奪遺產而骨肉相殘，應該在生前就好好立下對策。

不得不當保證人的狀況

在搬進出租公寓時，我找了一位朋友當我的保證人，如今他要我當他的借款保證人，我聽過很多可怕的案例，所以很擔心，不知如何是好？

我常聽到朋友因為當保證人，而背負了對方借款的故事，像前電視演員岸部四郎，也在一次雜誌採訪中透露他鉅額借款的最初原因，就是因為當朋友的保證人，非還錢不可所致。

攻守策略——1慎選被保證人

為什麼有些人明知山有虎，偏向虎山行？明知道有可能捲入麻煩，卻還要當保證人。這是因為自己在被要求當保證人之前，曾因某些小事，請對方當過保證人。雖然種類或多或少不同，但要求你當借款的連帶保證人時，因為你過去曾經欠他人情，所以此時你只能問：「妥當嗎？」由於本來就是親密的朋友，既然對方說：「安啦！」你也只好姑且相信。

可見為了避免背負他人的借款，首先要慎選由自己擔任保證人的對象，即使是你進入新公司所需要的保證人這種尋常小事，還是要小心慎選，因為現在你請他當保證人，以後他也會要你當他的保證人。

攻守策略——2保證人只能當一次

其次，被要求當保證人時要堅持的事，是第一次可以，第二、第三次就不能答應。因為對方經常會以第一次沒問題，第二次也沒問題，而一再增加要求你當保證人的次數。

因為人情難以推卻，當了一次保證人倒無所謂，但第二次再被要求時，就要斷然拒絕。因為第二次以上代表著危險信號已經亮起了，所以一開始就訂下「只此一次，下不為例」的規定，在人情上絕對說得過去。

攻守策略——3事先調查風險程度

雖然很困難，但要牢牢掌握當保證人的風險。如果沒有詳讀契約書，自以為只是當一百萬日圓借款的保證人，轉變成要由你負擔的本利累積竟然高達兩百萬日圓的個案也是有的。所以務必正確調查當保證人的最大風險到底到什麼程度，如果風險過大，就應該斷然拒絕。要拒絕曾經為你擔保的人所提出的要求，心情上可能很為難，但應該拒絕的情況不少倒是事實。

拒絕的方法，就是儘量坦率地說明你可能承受多大的風險。坦白地說出：「因為我在搬入公寓時，請你當過保證人，所以我也很想當你的保證人，但你的情況似乎不簡單，因為風險的大小不同，說實在的，如果我當保證人，一旦出了事，我將難以負擔家人的生活。如果是簡單一點的事，我會很樂意，可是這次要承受的風險太大了。」因為你要保護的優先對象是家人，會讓你無法保護家人的保證人怎麼能當呢！

成爲色狼侵害的目標時

一九九五年，林登．克魯斯的著作在日本祥傳社以《色狼》（秋岡史譯）為題出版時，頓時人人談狼色變。「狼害」的種類有哪些？讀過「研究色狼先驅者」之一的報導記者岩下久美子所寫的《人為何會變狼？》（小學館出版），就會發現琳瑯滿目的例子。

色狼增加的最大原因，就是都市化的進展與人際關係淡化的現代社會弊病，從色狼的現象一向都是都市多於鄉村，就是很好的證明。在都市中，即使同棟公寓鄰居出了事，像是家庭暴力等，人們也都不聞不問。事實上，我也住在公寓裡，鄰居之間很少碰面，甚至不知道對方是何方神聖。在都市這個人際關係淡化的空間中，對旁人總是漠不關心。如此的狀況，毫無疑問地造就了色狼的犯罪環境。

對於一位我所心儀的女子，我看到她肩膀上有點碎屑，就伸手替她拍掉，結果她竟大喊「色狼」而被帶到警衛室。因為每天都可以看見這位我視為偶像的女子，讓我誤以為雙方的關係很親密，才會做出這種舉動。

攻守策略——表明立場當場說「不」

這個個案的當事人，根本不認為自己是色狼。說來遺憾，所謂的色狼對策，因為在初期階段很難證明犯罪，所以很多時候只能放置不管，而受害人沒有受到太大傷害也是理由，到底能否將對方定位為色狼也是問題。但是，萬一到達性騷擾的層次，就非想出擊退的對策不可。

首先，要有堅定的心態。不論對方提出什麼要求，都要斷然說不，例如對於一再告訴你「我好喜歡你」的人，你必須明白告知「請放尊重一點」，倘若對方頻頻打電話，或埋伏在你回家的路上，就要斬釘截鐵地說：「你造成了我的困擾。」有時還要看對方的個性而定，萬一使用「討厭」的字句，可能會招來反效果，所以應該以「我是真的不願意，請你自重，不要再這個樣子」傳達訊息。

可是也有死纏爛打的人，遇到這種情況，即使是解決問題，也絕對不可以兩人單獨見面，色狼最希望的就是與你接觸，這樣的接觸正中對方下懷，絕對不可以單獨赴約。而且，也不要自己一個人傷腦筋，務必與周圍的人商談，尋求協助。此外，也不要以自己的常識來臆測對方，因為對方顯然是與自己有不同價值觀的人，不要以自己的常識判斷對方，企圖說服對方，認為「好好溝通，他應該會了解我的意思」是很危險的想法，因為他如聽得進「好話」的話，那他就不叫「色狼」了。

正確探知對方也是重要的對策，如果已經到了忍無可忍的地步，就算要委託徵信社，也必須徹底調查對方。因為不可能所有的色狼都是精神異常，詳細掌握對方是什麼樣的人，可以探知他的危險度有多高。

只要從對方過去的行為推測危險，就可以建立具體的對策，而且，知道對方有無病症，查出對方弱點也是對策之一。有時候，色狼也有可能是社會地位頗高的人，這樣的人最怕的是自己的行徑被公司、太太發現，所以查出對方的弱點，並加以攻擊，才可以反守為攻。

但委託專家調查時，隨手翻電話簿所找的徵信社，有時會獅子大開口，要求一、兩百萬日圓，這其中也有相當可疑的徵信社，必須充分注意。根據我實際聽來的故事，是要求徵信社調查自己是否被竊聽，價碼是二十萬日圓，而且這二十萬日圓還不包括取下竊聽器的費用。如果真的有調查是否被竊聽也就算了！問題是他們根本沒有調查，只是暗中裝上自己的竊聽器，再說「測出竊聽電波，有被竊聽」，但你要求對方拆除，卻又向你額外要求二十萬日圓。如此胡作非為的徵信社不在少數，所以不可以輕易相信徵信社。

既然如此，該委託誰調查呢?最放心的就是自己服務的公司所委託的徵信社。公司為了調查信用等，常會借助徵信社，既然是公司專用的徵信社，就不必擔心受騙，或被獅子大開口。不過，如果是外遇的對象變成騷擾者，就不可以委託公司專用的徵信社了，這時你只好看開一點，因為是作自受，所以只好另外想辦法。

已經三個月了，打到公司就不必說了，連自己住家都受到無聲電話的騷擾，雖然因為工作的關係，回家的時間天天不同，但一回到家，電話就開始響個不停。因為過的是獨居生活，所以充滿了不安與恐懼。我應該連絡什麼單位，尋求協助？

攻守策略——使用電話防騷擾服務

遇到頻繁的電話騷擾，如果是你，會有什麼對策？頂多改用電話答錄機而已，不是嗎？當然，使用答錄機總比沒有好，但還有更有效的對策。

那就是ＮＴＴ（日本電信公司）的拒絕騷擾服務。只要付兩千日圓的加入費，電信公司就會自動拒絕特定電話號碼打來的電話，或顯示撥話者的電話號碼。因為在顯示器上會顯示號碼，所以只要看號碼，即可判斷是否要接電話。因為ＮＴＴ提供如此的服務，所以確定一下他們的服務內容才是聰明之道，以決定自己的情況該使用何種服務最有效。

但除了電話騷擾之外，對方還跟蹤你，那怎麼辦？我以前也曾被黑道或右翼團體相中，被跟蹤騷擾，這個時候該怎麼做？當時我的做法是故意走入警察局，只要進入警察局，他們絕對不會再跟上來。

色狼的跟蹤是一種威脅，你必定會知道有人跟蹤，即使你並未發覺，對方也會以電話或信函告訴你「你今天到過A店」等，傳達完全掌握你行動的訊息。如果對方的行動過於頻繁，不妨在外出時走進警察局，你進入警察局並不會有什麼不便，反而可以告訴警察說：「對不起，因為有個怪怪的人在跟蹤我，所以我才走進來。」警察會和你一起走出去看看，像這樣的小事，警察不會袖手旁觀的。只要讓警察介入，對方的變態行為就很難持續下去，因為色狼會以為你進入警察局是去報案。

此外，一旦事態嚴重，乾脆請一個外貌魁梧的朋友同行也是可行之道，如大學時代是空手道社團的同學，或僱用體育系的學生打工，付個五、六千日圓請他與你同行。色狼大多是膽小的人，只要看到有壯漢陪在你身邊，可能會就此打退堂鼓。

要向警方提出色狼騷擾的告訴，讓對方受到懲罰，應該通過哪些手續？此外，警方會當成刑事案件來處理嗎？

攻守策略——熟悉刑事告訴的必備要件

提出刑事告訴前，應該考慮備齊要件。例如拍下色狼相貌的照片，這個時候，如果由自己拍攝，對方追上來的可能性很高，不要這麼做。你可以委託值得信賴的朋友，拍攝在屋外監視你的人，或在後面跟蹤你的人，這是絕對必要的。

至於錄下電話裡的聲音，自己就可以辦到，每次的電話一定都要錄下來。

還有，比較容易被忽略的，是記下色狼騷擾的詳細記錄，在某月某日幾點幾分發生什麼事，這些時間、地點及事實的記錄在你打官司時，對於戳破色狼的謊話或揭穿不在場證明相當重要。歌舞伎演員市川猿之助曾經告過一個色狼，法院宣判對方「不可以出現在半徑兩百公尺以內的範圍」，在打這場官司時，色狼的行動記錄發揮了莫大的威力。

在提出刑事告訴時，以上的要件必須全部齊備，你提出告訴，警方卻沒有行動，往往是因為案件的「證據」不足所致。你說不知道是誰，但總是有人在跟蹤你，警方也無法採取行動，因為有些人有「被害妄想症」，所以甚至可能分不清誰是受害者、誰是加害者。因此，要提出刑事告訴時，必須向警方提供完整的要件，備妥具說服力的證據，才是懲治色狼的良方。雖然有些色狼被警察逮捕，出獄後又繼續犯案，但90%的人，眼見你向警方提出告訴，就會中止色狼行為，所以凡是能力所及的，就要儘量去做。

萬一運氣不好，相中你的色狼是那少數的10%，也就是遇到天涯海角都窮追不捨的危險人物，你只好逃之夭夭了。色狼案件中最棘手的，就是過去交往的對象搖身變成色狼，甚至因為男女之間的關係破裂而釀成殺人事件。因此，感覺生命受威脅時，絕對要逃離，因為像這樣的對象，誰也無法阻止，只有「逃離」這條路，或自行準備護身用的武器，不是逃就是反擊。在用盡所有對策、對方依然不死心時，所剩下的手段就只有以上這兩種了。

面臨強迫洗腦、意志控制時

丈夫罹患重病，姊姊也發生車禍，一連串的不幸事件使我心中頓失依靠，很希望有人能助我一臂之力。這時必定會出現勸你「我有適當人選」的人。

攻守策略——防範他人趁人之危

人之所以會被洗腦，多半是聽了第三者的善意言詞，相信這樣的言詞，深陷其中而不自知。包括知名人士所相信的健康法、美女演員所使用的化妝品，就是這一類的言詞。以前有人說在尼斯湖出現水怪，雖然這個人後來澄清「我是在說謊」，但在他之後也提出「看過水怪」的人，要如何自圓其說呢？

事情發生後，結果就接二連三出現追隨的言詞，任何事情不都是這樣嗎？如果你說某處鬧鬼，就一定會出現說「我也有看過」的人。洗腦或意志控制的架構也是一樣。因此，想要不被洗腦，最重要的就是不可以誤信他人言詞或傳說。

但人之所以會被迷惑，其原因不外乎在「很輕鬆」的狀態下被迷惑之故。這與汽車導航器一樣，與其為了右轉、左轉而傷腦筋，不如依照汽車導航器的指示開車，即使錯了，也輕鬆多了。

實際上更有現在是「指示器時代」或「ＧＰＳ時代」的說法，可見人人都有「尋求可以告知自己位置」或「該怎麼辦」的需求。最近的新進人員尤其如此，想要知道自己現在的位置如何，並且等人指示。

聽從指示很輕鬆，被控制的狀態比未受控制之前更為輕鬆。例如心目中理想的辦公大樓有兩處，要選擇哪一棟做生意較好？與其一個人傷腦筋，不如聽信別人所說的「這棟比較好」而決定遷入，不是輕鬆許多嗎？萬一結果不好，也可以心想「我是聽從指示而有如此的結果，我相信現在雖然不理想，將來一定會改善」。如果遷入的結果很好，就會想「指示果然靈驗，我相信將會好事連連」。

凡是要由自己決定的事，難免都會伴隨著煩惱或後悔，所謂的洗腦或意志控制，就是企圖解脫這樣的煩惱或後悔，大家便因為尋求如此的輕鬆而慢慢陷入其中而不自知。

一時好玩卻變成不可自拔的賭博遊戲

幾乎所有的人都說在打高爾夫球或打麻將時，要下點「小賭注」，才能增加遊樂的興緻，事實上，雜誌裏還有傳授如何贏錢的方法。既然是上班族，他們所說的小賭自然金額有限，但因公司而異，多寡卻相當不同，到底何種程度的小賭是在允許之列？

針對人們的賭性之強，要以最近發生的事件來說明。

既是漫畫家、又是演員的蛭子能收，有一次到麻將間打麻將，結果被當成賭博的現行犯逮捕。蛭子能收在常去的麻將間打完半圈，贏了九千日圓左右，正在得意的時候，就碰上警方臨檢，據說麻將桌上還放著現金。蛭子能收在十個小時後獲釋，但之後有一段時間不能上電視。

到麻將間打麻將賭錢，對上班族而言，是稀鬆平常的消遣，當然，以金錢下賭注，就是賭博，但一般而言，警察對於同事間的娛樂應該不會抓人。

攻守策略——1不要參加賭資超過一百萬日圓的賭博

如是普通的上班族，即使是同事之間的麻將，如果一晚的賭資將近一百萬日圓，這樣在誰看來必定都是賭博吧?所以「下點小賭注取樂取樂」的藉口是說不通的。當然，上班族很少有這麼多的「閒錢」，但自己做生意的人就不一定了。

攻守策略——2不要接近有抽頭的賭場

如果是在自己家中，警方臨檢就要搜索狀，但換成了麻將間，即使是便衣警察也可以隨時出入，所以到麻將間打麻將的風險比較高，尤其是有人做莊抽頭的賭場更要小心，因為抽頭的莊家經常是黑道人物。

遇到這種情況，桌上的賭資一定相當多，即使金額不多，也可能早就被警方列為偵查對象，就算沒有被警方逮捕，也會成為自我破產的原因，所以還是少到這種場所為妙。

攻守策略——3不要被人懷疑是賭徒

據說蛭子能收被逮捕，是其來有自的。蛭子能收從三年前就在麻將雜誌的連載專欄中，暢談在麻將間的「戰績」與金額，有一次大崎分局還把他叫來，警告他說「知名人士怎麼可以光明正大打麻將」，但蛭子能收仍然繼續他的連載，只是不再透露麻將間的名字，金額也改成籌碼。

結果，蛭子能收被逮捕了。他打麻將的方式都是在路過麻將間時順道進去，看有誰在就和誰打麻將，而且每次都以現金付清賭資，這顯然已經踰越娛樂的範疇了。如果真要玩，也得小心玩法吧！

攻守策略——4不要和名人打方城戰

像蛭子能收的情況，是已經被警方警告「知名人士怎麼可以光明正大打麻將」，且受到了注意，因為身為知名人士，也是他被逮捕的一大原因。

根據警方的說法，與其舉發一百個無名小卒，不如舉發一個有名的棒球選手、演員或大企業的董事長等，更有殺一儆百的效果。因此，本身是「名人」的人要注意了。此外，不要和「名人」打方城戰也是明智之舉。

攻守策略——5不要和連連輸錢的人賭博

被警方舉發時，有些人早就被警方鎖定，遭人密告的例子也不少，而會去密告的人，大多是連連輸錢的人。除非是公營賭博，否則賭輸所背負的債務，在法律上是沒有償還義務的，於是乎就會有負債累累而無力償還的人，利用這個漏洞出賣伙伴，如此一來，賭債就一筆勾消了。反過來說，連連輸錢或每賭必輸的人互相邀賭，說不定對雙方都有好處。

會密告的另一種類型，就是痛恨麻將的人。如你公司的員工對董事長懷恨在心，如果想使愛打麻將的董事長失去社會地位，最簡單的方法就是利用他打麻將的絕佳機會。

雖然在打高爾夫球或打麻將時下點「小賭注」，可以增加樂趣，可是一旦被逮捕，人人就會以有色眼光看待。享受遊戲的樂趣當然很好，但賭博是非法的，即使金額不多也一樣，對此要有自覺，才會更有樂趣。

無法預測國外旅遊風險時

雖然我已經出國很多次，但回想起一九九七年在埃及發生的路克梭（Luxeuil）事件等，難免會稍微感到不安。好不容易可以出國走走，當然不願意出事，有沒有獲得國外安全資訊的方法？

攻守策略——行前掌握國外的安全資訊

在外務省（外交部）有海外安全諮詢中心，為了確保國人的人身安全，針對世界各國、各地，區分為「提高警覺、避免前往觀光旅行、避免前往該地」三種等級，供一般人民查詢。只要詢問外務省，隨著都可以取得這些資訊，當然，也可以利用際網路及傳真。

想快樂出門，平安回家，事先必須收集資訊，判斷何處危險，此外別無他法。

第三章 容易遭遇危機的人

自以爲安全而放心的人

凡是會遭遇危機或無法進行危機管理的人，都有其共同點。

在我的經驗中，曾在前往拜訪有工作關係的公司時，剛踏進公司大門第一步，就有「啊！這公司有危險」的感覺，同理，有時也會遇到讓我感覺「這個人有危險」或「這個人沒問題」的人。

容易遭遇危機的人，有各種不同的類型。例如你以為自己的公寓是自動上鎖的設計，而你又是住在較高的樓層，那你有沒有陽台邊的窗戶忘記上鎖的經驗？

我首先要說的是：一個闖空門的小偷，在到公寓物色目標時，他們找的目標是什麼？。依常理判斷，沒有自動上鎖設計的一樓公寓不就是對象嗎？答案正好相反，闖空門的小偷，最先瞄準的卻是有自動上鎖設計的公寓。關鍵就在於「卻是」這個字眼，真正內行的小偷，並不會看上最容易進入的一樓，而是相中四、五樓的公寓。因為租一、二樓的人，心中一開始就存有不安，認為「隨時有被闖空門」的危險，所以都會提高警覺，睡前是不必說了，就算有人在屋子裡，連出門去倒個垃圾，也會將門上鎖。但換成住在四、五樓的人，心中難免會想「小偷不可能到這麼高的地方來」，這個「不可能」，就造成了忘記上鎖的結果。

從這個例子可以看出，內行的壞人，都會相準你的「放心」，並且趁虛而入。因此，太過於「放心」是很可怕的事。

但生活在日本的人，卻很難有這樣的體認，許多外國人到了日本，對於能在電車中睡覺的人感到不可思議，他們驚訝於這些人竟然將行李放在棚架上或置於身旁，卻可以安然入睡，這是因為日本人很少有「在電車中會被扒竊」的想法。

在這個世界上，需要花錢買安全的國家很多，反觀日本，不但沒有付錢買安全的感覺，對於危險本身的意識也很淡薄。

以下是一則順手牽羊的故事，凡是做過這行的人，都說他們最常相中的對象，並不是落單的人，而是結伴的兩個人。我的一位熟人有一次在客人進進出出的飯店大廳，坐在長椅上與朋友聊天，結果背包被偷了，當時她與朋友並肩而坐，談話談得入迷，背包被偷後過了十分鐘都還未發覺。

當她大喊「背包不見了！」前座的人才告訴她「在十分鐘前有個男人拿走了，我以為是你們認識的人」，如果她是獨自一人，多少會小心一點，但因為當時有兩個人四隻眼，反而覺得可以放心。也就是說，一個人在以為可以放心的狀態下是最危險的，反之，沒有任何預防對策時反而會比較小心。像是住家離派出所很近等，反而成為闖空門的最好目標，因為住戶會心想「不可能，誰敢挑離派出所如此近的屋子下手」。

有位演員一連被小偷光顧了三次，果然不出所料，這個人的公寓房間位於較高的樓層，自以為位於高層而放心，不小心忘了關上陽台的窗戶，結果就被從屋頂上下來的小偷光顧了。後來他想既然已經來過一次，應該不會再有第二次而鬆懈心情，想不到「應該不會」的結果，是被光顧了三次。

先前說過，自動上鎖設計大多虛有其表，但最近出售的公寓幾乎都宣稱附有自動上鎖設計，經過我親自到公寓察看，才發現漏洞百出，實際上有很多屋子從旁邊的矮樹林或越過圍牆就可以進入。

再說到所謂的自動上鎖設計，即使不知道密碼，只要算準住戶出入的那一瞬間，就可以輕易進入，雖然入口有警衛室，但在管理員二十四小時的監視中，難免會在一瞬間的縫隙出了漏洞，行家是絕對不會錯過這個縫隙的。

如果輕易放心而鬆懈，就會招來後悔的結果。

不會區分「小心」與「被害妄想」的人

性格開朗、大方絕不是壞事，樂天派地度過人生，比活得悲觀好太多了，可是一旦出了差錯，難免會漏洞百出，隨時讓人有機可趁，這在危機管理層面的觀點上，簡直是太馬虎了。換言之，危機管理就是必須活得小心翼翼。

提到小心翼翼這一點，有人因太過極端而陷入被害妄想，這樣的心態容易招來精神的疲憊，再者，過於用心而疲累不堪也會造成反效果，心想「我何苦這樣做？」而不再用心思。如果鐘擺擺動過大，結果會導致失敗。

小心與陷入被害妄想是截然不同的，真正理解其中的不同，又能加以區別的人，才能順利做到危機管理。了解實況並加以防範，就是小心，不知實情卻拚命防備，就是被害妄想。可見其中的差別，就在於能否掌握事實。

舉個例子來說：自從泡沫經濟崩壞以後，尤其是最近，因為高爾夫球會員權等的買賣而吃虧的人增加了。高爾夫球會員權行情雖然下跌，但如果說全部的高爾夫球會員權已經降到絕望的深淵倒也未必。雖然的確有在經營上遭遇危機的高爾夫球場，但健全經營的高爾夫球場仍然不少。

假如所有的會員權行情都下跌，賠點錢也只好自認倒楣，但最傷腦筋的是自己入會的高爾夫球場某天突然倒閉了。好不容易攢下私房錢買來的會員權，竟然變成一張廢紙，這種情況千萬要避免。因此，想購買高爾夫球的會員權，當然要從調查該球場的經營狀況開始。

調查的方法絕對不困難。最簡便的方法就是向已經成為會員的人打聽這個高爾夫球場的經營狀況，因為每個會員都會收到決算報告，如果找不到會員可問，也可以委託帝國資料庫進行調查，像高爾夫球場的收益等，輕易就可以得知，調查費用在兩萬日圓左右，比起會員權的價格或變更名義的費用便宜多了。只要購買經營健全的高爾夫球場會員權，就沒有任何擔心的必要。

我要再三強調，未能仔細掌握實況就胡亂害怕是愚不可及的行為，但也不能因此而毫無警戒心，貿然進行更是愚中之最。

無法以資料庫多方掌握資訊的人

無法以資料庫掌握資訊的人，也經常陷入麻煩中。例如購買房地產等鉅額財產，或決定就職等人生大事時，你到底是以什麼樣的標準來選擇呢？你的決定線索又是什麼？

我常聽說誤買瑕疵住宅而欲哭無淚的人，為什麼這個人會誤買瑕疵住宅呢？在購買建商蓋好的成屋時，我們會尋找預算、居住條件、大小及隔間等符合自己條件的屋子，一找到中意的屋子，立刻就簽訂契約的人出乎意料地多，如此草率的做法，難怪會買到瑕疵住宅。

那麼，到底有哪些注意事項？

首先，要熟知建造這棟屋子的建設公司是什麼樣的公司，雖然可以委託專家調查，但並不容易做到，不過，建設公司的評價卻意外可以簡單收集得到。只要問問房地產公司，很快就可以打聽到這家建設公司在同業間的評價，凡是經營不善的公司，很可能老早就有不好的風評，好心的人必定都會勸你多加注意。此外，土地在建造之前是什麼樣的土地，也有詳加調查的必要，到底是荒地、農地還是池塘？這樣的小事只要向鄰居打聽，人家都會告訴你。現在，建在池塘、沼澤新生地的住宅，因為成為瑕疵住宅時而成為新聞的話題，只要小心一點，就可以防範於未然。

資訊不是單方面的，以資料庫進行多方的收集，才是重點所在。

至於在選擇會決定自己一生的就職公司時，幾乎所有的人都會參考就業雜誌等，當你希望從中選出第一志願的公司時，除了接觸這家公司之外，也會與公司方面所介紹的人見見面，收集資訊。但你要想想，這樣的資訊真的正確嗎？真的是你所想要的資訊嗎？不要忘了，情報雜誌其實就是企業的廣告專輯。

在雜誌上，公司方面當然想要招募優秀人才，所以雜誌上所刊登的人名，都是可以為自己公司做宣傳的人物，不是介紹最優秀的人給你，就是工作最賣力的人，絕對不會推出一個平凡無奇的人。但不懂內情的人，聽到從事最有趣的工作的人所講的話，羨慕之情就會油然而生，然後以為這真是一家卓越的公司，滿懷希望進入公司後，才知道「不是那麼一回事」。

當你發現別人的話與現實有大幅落差而愕然時，錯誤已經促成了。雖然轉業被視為不道德的時代已經過去了，但因為現在不景氣，想找到新的工作很難，所以進入公司後才後悔莫及地大叫「糟了」，這樣的風險未免太大了，因此未雨綢繆地預先努力收集各種資訊，是一定要做的功課。

具體的做法是：不去見公司為你介紹的人，而是指名自己想見的人。例如你可以說：「我對營業很有興趣，能不能為我介紹一個在營業第一線工作的人？」在此，我有一個務必要提供的忠告，就是不只要見年輕人，也要見見中年的員工。

在年輕時經常被派任有趣的工作，但一過中年，就落得只能成為窗邊族，做一些索然無味工作的這類人意外地多，所以建議你找四十多歲的員工談話，因為可以透過他們的態度，透視自己在四十歲時，是否能再做有意義的工作。

為了多方捕捉資訊，千萬不可以靠瞬間風速，而要以長期的眼光來預估自己的人生，進行沙盤推演，告訴自己，「我的一生要這麼過」，這樣自己的將來才不會陷入危機。也就是說，必須能技巧找出擁有資訊的人，

當然，向其他員工打聽次要資訊也很重要，這與購買電腦時，找個電腦通同行絕對錯不了的道理是一樣的。

茶杯形狀是什麼，看法會因人而異，從某個角度看，可以看成正方形，從另一個角度看，也可能看成圓形，隨著觀點的不同，會看成不同的形狀。所謂多方掌握資訊的意思即在於此。

太過於承攬責任的人

說來不可思議，但真的有容易被捲入麻煩的人，在你身邊就可以找出一個或兩個。這樣的人有一個共同傾向，就是凡事「先由自己承攬責任」。

現在假設你要訪問某人，又假設這個人的心情不好，結果有的人會拚命往自己身上找原因，像是「是不是之前見面時，我說的話觸了他的霉頭」或「今天我的態度是不是有哪裡不好」。

其實對方只不過是感冒，或昨天酒喝多了弄壞身體，也可能是美金突然貶值，才使他心情不佳，或是剛被上司叫去罵了一頓，甚至是一早夫妻吵架也說不定。所以，我們應該思考「對方本身可能也有原因」。不過，如果因此而專往對方身上找原因，就有點矯枉過正了。

專往自己身上找原因的人，特別是在危機管理的想法上，往往會無法看穿對方的意圖、目的或陰謀，所以要特別注意。

無法看穿對方意圖、目的或陰謀的人

例如在你的身邊，有個經常突然大發雷霆的人，這種人為什麼生氣呢？雖然也有真正生氣的時候，但大多是以發怒來威嚇對方，想隱瞞其中的意圖。所以動不動就往自己身上承攬責任的人，很容易就會上當。

那麼，要如何透視對方的狀況及企圖呢？當然，眼見對方心情不好，千萬不要說「你今天看來心情不佳」，因為這等於火上加油，也等於不為對方預留退路，你只能在對話中若無其事地刺探，此外別無他法，如果對方的語氣粗暴，內容沒有具體性、流於草率就要小心了。

會採取意外言行的人

對於格格不入的行為及意外的言行，周圍的人通常會有非常嚴苛的反應，因此，自我顯示欲強或愛引人注目的人，可以說是冒了非常大的風險。典型例子就是一九九九年一月，因為含砷咖哩事件而被起訴的林真須美，當她初次在媒體上現身時，很多人就覺得她與普通的主婦不同，像是拿著水管向攝影記者噴水、頻頻接受電視訪問，在出庭應訊時，也一再向熟識的記者揮手示意。這種態度，顯然是自我顯示欲在作祟。

不過，在一般主婦中，也常看到類似林真須美的行為。這是我一位當小學教員的熟人告訴我的故事，學童在校一旦發生了問題，有的母親必定到學校咆哮鬧事，還有一位幼稚園的經營者也悲嘆地說，動不動就來罵園長的母親明顯增加了。

當然，由衷擔心孩子，向學校或幼稚園提供忠告的母親值得肯定，但其中也有人是想顯示自己與其他母親不同。因為想表現「我們是如此小心翼翼教育孩子的家庭，不論是知識或熱情，我都不輸給一般母親」的心情，才會不斷向學校申訴。

在言行必須與人有所不同，才會感到喜悅的人中，有時會刻意顯示從容不迫的姿態，其實他已經費盡心思，內心根本沒有空間，卻還裝成泰然自若的樣子。周圍的人看在眼裡，如果不是認為這個人在勉強虛張聲勢，就是覺得反感，認為這傢伙驕傲自大，這類的人也容易被捲入麻煩，林真須美就是其中一人。又如秘魯日本大使館人質事件的青木大使也是如此，當他在獲釋後召開記者會時，刻意斜著身體擺姿勢，一面吞雲吐霧，一面喋喋不休，態度真是驕傲，好像在顯示自己多麼從容不迫的樣子，有意顯示「那是小事一樁，根本難不倒我」的心情，透過電視畫面，傳送到了觀眾眼前。果然不出所料，他立刻受到媒體的群起圍剿。

預料之外或格格不入的行動，都會擴大事端，應該謹記這一點再採取行動。

認爲沒有惡意就無罪的人

在這個世界上，即使動機不是惡意或犯罪，結果所做所為卻傷了別人，造成他人損失的例子不少。發生這種情況時，就主張自己不是惡意的，以「我沒錯」將行為正當化的人非常多。像這樣的人，根本難以迴避麻煩。

以一九九八年秋的防衛廳侵佔案為例：在這件事情中，最大的問題不是侵佔罪本身。一般所謂侵佔，是指非法將錢放入自己口袋，但在防衛廳事件中，與其說是為個人營私自肥，不如說是想為防衛廳的前輩、晚輩確保空降職位的心態。

如果真的中飽私囊，至少有做壞事的感覺，但這些人並非如此，他們並沒有將東西放入口袋，只是為人確保空降的職位，這樣的人對惡意或犯罪意識的認知當然很淡薄。

例如在召開記者會時，NEC當局在現任總經理和前任常務被逮捕時，曾發表「說實話，我真難以理解這兩個人為什麼被逮捕？到底是犯了什麼罪」的評論，這樣的評論，顯示了他們根本沒有犯罪意識。但問題並不在於有沒有犯罪意識或惡意，而是要以結果來論斷，也就是說，不論有沒有惡意，如果結果是不對的，就要負起責任。這就是社會規則，可是在日本這個國家，太多的人誤以為沒有惡意，就可以「免除其罪」。

引發利益輸送的李克列特股票讓渡問題

像一九八八年發生的李克列特股票讓渡問題，也是不以惡意為出發點的事件。

雖然媒體臆測各種看法，但李克列特當局實際上是以與年中、歲末相同的態度來分配未公開的股票。也就是說，如果有收受賄賂的嫌疑，凡是收到股票的人，應該限於具有某種職務權限的人才對，等於是利益輸送，但在被讓渡股票的人當中，有的人有權，有的人則無。再者，如果依被讓渡股票數目的多寡來排列人員名單，就更清楚了，如果說股票多的人、賺很多錢的人全部以收賄罪起訴，倒也未必盡然，因為被逮捕與否股票數目完全無關。

考慮到這樣的事實，李克列特方面根本沒有期待直接回報，不是很明顯嗎？江副浩正如果全數保留自己的股票，一定會賺更多，但是他根本沒有把東西放進自己的口袋裡，或從中獲得利益，所以剛開始時完全不知道為什麼會被以行賄罪起訴。

大藏省招待事件醜聞

另一件是因為大藏省招待而被逮捕的人，也可以列入這個類型中。

事件發生時，所謂的下空涮羊肉名噪一時，使事件的本質被遮蔽了，當然，其中也有人是主動要求銀行帶他們去下空涮羊肉，但這只是極少數而已。

至於高層的菁英，每晚泡在招待的甕中，對招待已經感到作嘔才是實情。這些官員和大企業董事或雜誌總編一樣，都在心中吶喊「我求求你們不要再招待我了」，所以他們根本不希望接受招待，也不覺得接受招待有多麼愜意，不是嗎？

那麼，結果為什麼又接受招待呢？關於這一點，只能說是因為某種「義務感」使然，認為有交換情報或維持人際關係的必要。實際上，報導這次事件的報社也刊登「意識裡覺得接受招待是不對的」的評論，這才是他們真正的感情與心聲。

他們心想：「既然是慣例，甚至是工作的一環，只好接受招待，對於招待怎麼會覺得喜悅、快樂？說得明白一點，簡直是痛苦。」所以他們怎麼肯接受「招待等於犯罪」的說法？如果說他們根本沒有惡意，所以才遲遲沒有發現錯在自己也不為過。這次的大藏省官員事件，可以說是沒有惡意的傲慢之罪。

未自覺有歧視心理的人

明明知道不可以歧視，卻沒有發現自己的言行已經有了歧視的意味，你知道這就是將你捲入麻煩的原因嗎？

以前我還在李克列特服務時，有一本取名為「GATEN」的雜誌創刊，這是日本首次發行的藍領階級轉業情報雜誌，在最初的電視廣告中，曾採用「值得疼愛的人們」為背景音樂，重疊著頭戴鋼盔或打扮成水泥工的一群人的影像，文宣口號就是「值得疼愛的人們」。

一看到這支廣告，我的第一個反應是「絕對要不得」。刻意強調「值得疼愛」，不就表示「未被疼愛」嗎？這是職業上的明顯歧視，我主張刊登求才廣告的公司，絕對不可以對職業有所歧視。

有些人將精神障礙者形容成「如同天使般純真」，還有一部取名為「聖者的行進」（描述精神障礙者）的電視劇，或許當事人無意歧視對方，但被歧視的一方無疑是受到了歧視，因此，既然對方一口指控是「歧視」，被咬定的人再怎麼解釋也無濟於事。

「與我面對面而坐的人正在歧視我」，當一個人發現到了這一點，就會產生敵意，這樣的敵意會成為不必要的麻煩發生的來源。因此，你要謹記在心，任何歧視都是麻煩的溫床。

容易立刻關閉心扉的人

有的人因為一丁點的瑣事，就關閉心扉，如果你一直吊單槓，手心會長繭，同理，如果一再被欺負或一再受苦，心情就會逐漸僵硬。人的心一旦硬化了，對旁人就會顯示出頑固或拒絕性的反應，結果導致惡性循環，使他與周遭的關係更加惡化，心扉也更為封閉。例如常被欺負的孩子，會漸漸變得陰沈、不肯對人打開心門，就是好例子。

以家庭問題而言，婆媳不和就是因為互相封閉內心，使得鴻溝愈來愈深。有這樣的故事：婆婆吃了第一碗飯，要媳婦再添一碗時，媳婦說：「婆婆，你今天的胃口真大。」這個家庭的婆媳關係本來就不好，聽到媳婦這麼說，婆婆立刻生氣地站起來說：「我不吃了！」然後向街坊鄰居宣揚媳婦的惡行：「我家媳婦不讓我吃飯，還對我冷嘲熱諷。」

當時媳婦的想法是認為婆婆胃口不錯，就是精神很好的證明，才脫口說出她認為是嘉許的話，但因為平常衝突慣了，即使是沒有惡意的話，頑固的婆婆也會解釋成負面的意思。也就是說，將片段的情報一律做成否定的解釋，關閉在殼裡，硬是不肯溝通，對於如此的人，周遭會採取什麼樣的態度呢？大部分的人都視若無睹，不是心想「多一事不如少一事」，就是「我要敲開他的殼」，如果是後者，就會引起麻煩。所謂的關閉心扉，等於是看不見周遭的狀況，請問你有沒有將自己與世隔離，招來麻煩呢？

相信「黑社會正義」的人

不知道為什麼，幾乎所有的日本人，都相信「黑社會正義」。例如日本古代的俠客清水次郎長是手持法繩，遠山金法官是全身刺青，還有叫做「寧靜的頓河」的第二代正義援軍，從這些戲劇或電影頗具市場來看，正是日本人相信俠道、黑社會正義的心情佐證。

君不見，少年漫畫常出現俠義或俠客的用詞。其原點是日本黑社會也存在著俠義，探究俠義的源頭，會發現正是武士道的支流，所以俠義精神的存在，可以說是根深柢固的。因此，日本人遇到難以處理的麻煩，就會向那黑暗世界求助。

我朋友住的公寓，晚上會受到飆車族的噪音騷擾，在社區自治會開會商量時，有人建議何不求助也是住戶之一的黑社會老大，還說：「如果向那個老大拜託，他應該會替我們想辦法。」使友人詫異得說不出話來。但凡是日本人，不管是誰，總會這麼想過一、兩次，認為可以「以毒攻毒」，俠客一定會挺身而出，解救大家的窘境。這可能是因為受到小說、戲劇或電視所灌輸的印象特別深刻所致。結果，企業首腦會勾結黑道或股東會上鬧事的人，其根本心理就是由此而生。

實際上，日本的俠客對社會有貢獻的例子，在歷史上也不少，例如明治上下水道，雖然是都彌厚的構想，但實際施工的是一群所謂的俠客，其中一人還是我的祖先，在愛知縣所立的石碑中就刻有他的名字。

不看這些例子，官方或企業向黑社會求助的例子也不勝枚舉，甚至現在仍然存在，有了歷史累積的效用，所以不少財政界人士現在還無法切斷與黑道的臍帶。

但你何不冷靜想想，固然他們都是俠義之士，背地裡還是有見不得的部份，如果只是求助於俠義的部份，他們如果辦得到，可能真會如你所求，但是你只要有求於人就會欠下人情，而這就是弱點。之後他們有求於你時，就會說：「當時我不是曾經幫助過你嗎？現在拒絕我，真是忘恩負義！」使你陷入進退維谷的僵局。

凡是與專門在股東會上鬧事者苦戰過來的企業，大部分都有這樣的經驗才對。也就是說，黑社會的正義根本不存在，如果有，也不過是短暫性的。

一旦發生問題能解決的不是別人，而是當事人自己。有負責到底的決心，才能算是真正做到危機管理的人。

看不出尺度差異的人

雖然這裡所說的尺度，不像價值觀那般普遍，但尺度的不同，往往會引起麻煩。那麼，尺度的不同指的又是什麼？

在亞特蘭大奧運會開幕典禮上，罹患帕金森氏症的前拳王穆罕默德．阿里也出席了，而娛樂新聞的主持人卻問了一句「他為什麼願意曝露自己的醜態？」使我大吃一驚，當場幾乎所有的人都說「有什麼關係」，某運動選手也發表「我深受感動」的評語。你如何看待因為運動而行動不便的人，代表著你在待人處事上的不同。

有一次，比特武在機車車禍後，以顏面麻痺的狀況出現在公眾面前，他如此的姿態給人的感覺因人而異，從此之後，我就喜歡上比特武了，認為他很有勇氣。下面要介紹因為尺度不同，而發生麻煩的例子。

有一次，李克列特公司的田徑隊發生了性騷擾問題，還被週刊雜誌加以報導，那時我和當時的教練（現轉任其他公司）有談過話。這個教練是從千葉縣高中轉到李克列特，他的許多學生也進入李克列特，他因為曾經在她們還是高中生時就指導過她們，所以就以與當時相同的尺度進行指導，這就是麻煩的原因。

依照教練的看法，這群選手都是自己辛苦教出來的學生，所以就以與高中生時相同的感覺來帶她們，結果竟演變成性騷擾問題。教練說：「我不懂為什麼會被說成性騷擾！」又說：「為選手全身按摩，是助理和教練的工作，即使對方是女性，如果腳腫了，也要為她們按摩，並且從按摩的感覺中去了解疲憊的程度，改變練習量。」但長大成人、交了男朋友後，女子選手中自然會出現對於男性助理或教練碰觸身體有強烈反感的人，然而教練卻以為「在高中生時代並沒有異議啊！」因為沒有改變尺度，才陷入危機中。

尺度的不同，也出現在對時間的感覺上。每個人容許遲到的時間範圍不同，依我的看法，我能等的極限是十五分鐘，若是對方遲到十五分鐘以上，我就會擔心是不是出了什麼事。有的人在遲到後滿不在乎，有的人則耿耿於懷，對於經常要等人的人來說，「被迫等人」會成為浮躁的原因。

例如因為公事而決定與上司一同外出，但一個是比約定時間稍微晚到，就是違反自己作風的上司，一個是只要滑壘成功，時間恰好就可以的部屬，從在公司出發的時間起，就出現了差異，當然，上司的焦急只會有增無減。

此外，我因為尺度不同而感到的切身之痛，是打電話的時段。一般而言，有的人會說「晚上九點以後最好不要打電話來」。再者，與家人分開生活的人，如果電話在清早或深夜響起，會擔心是不是家人出了意外。諸如此類，隨著這個人生活時間的不同，會有不同的尺度。

我原本是上班族，所以觀念上一直認為只要是一般企業，早上九點開始辦公後，就可以打電話連絡，但打電話給媒體人士時，對方就會問「出了什麼事？」原來，像是報社或出版社等，必須過了中午，甚至到了黃昏，編輯部才開始活動。如果你認為「缺乏緊張感，太差勁了」，那你就無法與媒體界的人士交往。

凡是在美國的平價店買過手帕的日本顧客，都會感到吃驚，因為日本一般販賣的手帕都是正方型的，但在美國買的手帕卻是歪七扭八。也就是說，對美國人而言，手帕可以用來擦手、擦汗，甚至擤鼻涕就行了，既然價格便宜，是不是正方形並不重要，但日本人總認為不論多麼廉價，歪七扭八的手帕就是瑕疵品。這就是尺度的不同。

此外，外國人與日本人對於車禍糾紛的見解也有很大的不同。我在巴黎街上看到停成長排的車子，法國人開車前推後擠，故意推撞前後車的保險桿，以便挪出一點點空隙，如果在日本這麼做，車主必定飛奔而來「要你修理」。甚至還有日本人脫鞋開車，對法國人而言，車子只不過是交通工具，但日本人或許將車子視為財產之一，如此一來，差異可就大了。

一方是認為保險桿就是為了保護車子而設計的，即使保險桿有點凹陷，也沒什麼大不了，一方卻會說「你撞壞了我的寶貝保險桿，要賠償」，講不通的重點就在於此。你要求對方賠償，但對方卻搞不清楚為什麼要賠償，這與先前因為手帕歪七扭八而抗議，卻講不通的道理是相同的。也就是說，麻煩往往發生於這方的人聽不懂對方在說什麼。

像之前所發生的鋼琴殺人事件，據說在社區住宅公寓，最常發生的糾紛就是噪音。那麼，我們應該保持安靜，避免打擾其他住戶的時間是幾點到幾點？這個判斷也因人而異。

有人說從晚上十一點到隔天早上七點，希望能保持安靜，有的人則要求能安靜地睡到八點，但許多住在都市的年輕人，卻認為在深夜十二點之前，都是自己的活動時間。反之，凡是日出而作、日落而息，跟著太陽運轉而生活的人，則認為日出後就可以發出聲響了。

我的熟人曾經搬到埼玉縣郊外的住宅區，在社區會議中建議「路燈太少了，很危險，應該增設路燈」，結果被土生土長的當地人反問：「天黑後走在街上做什麼？」這時，即使他主張這是自己的權利，也難以得到當地人的理解。

在打官司時常見到的個案，就是在這個社會上，的確存有不認為非遵守法律不可的人。除非是刑事罰則，否則有一大堆人根本不遵守法官在民事上所判定的支付命令，像贍養費就是最好的例子。

數據統計顯示，在法院判決應支付贍養費的命令中，有三分之二的男性並未支付贍養費。也就是說，端看有無守法精神，與對方的決鬥方法就不一樣，到頭來鬧上了法院，雙方的關係愈來愈惡劣，甚至可能鬧成凶殺案，不過，即使打贏了官司，這樣的人還是不會付錢。因此，要看準與對方尺度的差異，再正確做出因應，否則官司會白打一場。

尺度會因為成長環境、職業、年齡，甚至國家而有所不同，所以要避免麻煩，一定要有「尺度因人而異」的認知。

感覺不出與他人有心情差異的人

感覺不出與他人有心情差異的人，也容易招來麻煩。

雖然尺度的不同是長年累積下來的，但心情差異卻是瞬間的感覺，所以會不斷改變，但也不可以過於輕忽。例如開車時，如果自己趕時間，就會覺得前面的車開得太慢，有時會不必要地猛按喇叭。同樣的情況，換成是不趕時間、悠閒地開車時，就不會生氣，其中的差別就是心情差異。

誰都有過自己忙得不可開交，眼見孩子在看電視或打電動，心裡就會覺得很浮躁的經驗。反之，在自己閒暇的時候，對於做同樣事的孩子就不會生氣，這也是心情差異。

自己在工作崗位上忙得焦頭爛額，可是看到同事或部屬竟然在看書、喝茶，一定會覺得「那傢伙在幹嘛！」至於在看報紙的，更是不可原諒，等到自己忙完了、有空閒時，就一點也不生氣，這也是心情差異。

不知民間疾苦的官員

在防衛廳侵佔事件中，有位幹部這麼說：「某某人所領的金額微不足道，至於津貼，也頂多是一千萬日圓而已。」

當國民的平均收入破不了四百萬日圓大關時，在空降的單位所領的錢「頂多一千萬日圓」，這像話嗎？在這嚴酷的不景氣中，官員與人民有如此的心情差異，都是因為他們仍然沈醉在泡沫經濟的世界，才會發生如此的事件。這哪是心情差異，簡直是尺度的不同。換句話說，他們是完全不知民間疾苦，才會受到嚴厲的批評。

因此，心情差異在危機管理上，是非常重要的因素。

成爲事件當事人時

一旦企業發生弊案，當事人與非當事人之間，往往會開始處不好，原因就是心情差異。

在李克列特的未公開股票讓渡事件中，我是前會長江副浩正的幕僚之一，置身於騷動的漩渦中，也痛苦地感受到營業部門的員工投來的冷漠視線。他們的視線明白傳達「竟然闖出如此大禍」。

自從事發以來，許多的營業場面不斷受到杯葛，例如我們替對方刊登求才廣告，卻因成效不彰而不願付款的公司，竟說「像你們這種壞事做絕的公司，怎麼可以付錢給你們」，把責任一股腦兒推給弊案，難怪營業單位會指責「竟然闖出如此大禍」。

另一方面，置身於漩渦中的我們，心想「此時是公司的存亡之秋」，仍然拚命應付，當時我不能理解站在第一線的營業單位的痛苦立場，很想反駁說：「你們這是幹嘛！又不知道我們的辛苦，還在一旁說風涼話。」兩者間的隔閡，於是擴大到無法弭平的地步。

俗話說「應該為他人設身處地」，如果能站在別人的立場思考，幾乎不會產生任何問題，但這是很難的。既然如此，我們應該如何防止麻煩呢？

首先，腦子裡要存有與他人心情差異的自覺，這是理所當然的應有認識。同樣在職場，一個是在出人頭地的競爭中，處於今年是否能升到課長職位之緊要關頭的上司，另一個則是處於與升遷全然無關時期的部屬，兩者之間就會有心情差異。因此，察覺這個人現在的心情狀況如何，並加以了解是很重要的。只要在意識中常有這樣的念頭，就可以稍微接近別人的立場。

人的心情一旦鑽牛角尖，就很難回復原狀。我要再三強調，不懂他人心情的人，很容易惹麻煩，但只要接受與他人之間存有心情差異的前提，至少可以某種程度遠離麻煩。

無法判讀犯罪或輿論變化的人

最後，我要強調一件非常重要的事，就是犯罪概念或輿論，會隨著時間改變而變化。孰惡孰善，乍看之下是絕對的犯罪概念，卻也會天天改變，例如將未公開的股票分讓給其他人，在過去不算犯罪，高爾夫球名譽會員也是司空見慣的現象，但現在萬一牽涉到某種職務權限，就會被納入犯罪的範疇中。

最近，還出現不可以接受獲公家資金資助之團體的政治獻金的聲浪，而且已經被說成「一概不能接受」，並蔚為風氣，甚至還被賦予必須公開政治獻金的義務。因此，無法判斷「隨著時代而不同的犯罪概念或輿論變化」，往往會身陷囹圄，或遭到輿論批評。

例如對於招待的看法，這些年來就有很大的變化。大概是七年前左右的事，尼崎市議員的「假出差」鬧成了問題，後來被視為浪費公帑，還使官員之間的招待受到池魚之殃，之後又衍生到中央官員的招待問題，最後發展為舉發大藏省的招待。換成十年前，被視為普通營業行為一環的招待，曾幾何時變成了必要之惡，現在更被認為是犯罪。

從一九九七年起，環境荷爾蒙問題被大書特書，我覺得這個問題在今後會更受重視。到底環境荷爾蒙是否會對人體造成影響？有沒有害處、毒性？現階段尚未做出明確結論。

隨著研究的進展，不久之後可望得到結論，這時重要的是，不可輕易忘記愛滋病的教訓。從可疑的灰色地帶變成黑色只是一瞬間的事。萬一錯過了這一瞬間，就會招來致命傷。因此，認清「資訊收集」的重要性，才是最佳決策。

再舉一例：隨著和歌山砷毒保險金詐欺事件的明朗，對於保險公司的責難也不斷升高。一般人當然會認為因為保險公司的制度漏洞百出，才會造成命案。既然如此，現在的保險公司就應該建立起防止這種惡質行為的架構。在這個不景氣的時代，人人都說有不少保險公司會倒閉，我認為為了能夠繼續生存，保險公司已經走到唯有改變制度方能維繫下去的階段。

前些日子，山口縣的地方法院曾對下關市的市長龜田前，下達高達八億四千五百萬日圓的賠償命令。

在龜田前市長的前一任市長期間，與一家日韓高速輪船公司，締結日本—韓國間的航路，結果這家高速輪船公司在一年四個月後就停航了，因為該公司的投資是以赤字收場，所以繼任的市長龜田前就以下關市的公款賠償，而被市民提出告訴，認為怎麼可以動用公款賠償。但龜田前市長卻說，他只不過是履行前任市長的約定而已。山口地方法院在這次審理中，判決民間公司的赤字，不應以市政府公款賠償，要求市長龜田前個人賠償八億四千五百萬日圓。

這是追究地方政府執行公務者責任的劃時代判決。對於股東代表提出的訴訟也是一樣，必須由董事長個人負起行政判斷上疏失的責任。在過去，法院不會如此判決，但時代潮流如此，各地都不約而同的發生了這樣的變化。

如今，建設大型休閒設施的地方政府增加了，在這其中也有即使經營一百年，也不可能轉虧為盈的設施，也就是說，行政的過失，應該由誰扛起失敗的責任呢？今後唯個人是問的可能性已經出現了。換言之，以「前任市長的約定」或「前任者的所作所為」為藉口繼續執行計畫，結果都必須自行收拾善後。這對於全以國家為靠山的典型職業公務員而言，是個值得戰戰兢兢的現象。

◎副　篇◎——你不可以不知道

化險爲夷的最後防線——律師

各地都有所謂的司法大樓，其中充斥律師事務所，可是我們又不知道哪個律師「專長」什麼？那麼，在遇到困難時，要怎麼委託律師打官司呢？

祕訣——找對門路選對律師

律師比醫生更難選，因為想見醫生，至少到醫院就可以看到。雖然想找律師可以到律師事務所，可是律師事務所並不像醫院可以經常出入。你要知道，萬一受到黑道威脅，必須委託律師時，並非每個律師都對黑道有一套對策，有的律師非常懼怕暴力，一聽到黑道，就會拒絕你的委託。

在這種情況下，應該委託在各律師公會「民事介入暴力特別對策委員會」列名的人，這些律師本來就專長於黑道，聽到黑道也不怕，這樣的律師就可以安心委託。不僅如此，一旦委託某人，黑道就會立刻知難而退的例子也有，因為黑道也懂得哪個律師對黑道很有一套。

常聽說律師不接受陌生人的委託，那是當然的，不過，這也因人而異。例如突然進入事務所，說聲「各位好」就想委託案件當然很難，因為律師最怕的就是和可疑事件、犯罪扯上關係，所以勸你還是不要貿然造訪律師事務所，而是先到律師公會商談一下。

例如東京就有第一東京律師公會、第二東京律師公會兩個律師公會，到這些地方向律師說明事情原委，並要求「請介紹一位律師」最為聰明。

如果是黑道的民事，各警察局也有諮詢處，還有暴力追蹤中心及受害救濟中心。救濟中心就在律師公會內，暴力追蹤中心則是警政署、各地方政府的外圍團體。凡是與黑道有關，到這兩個中心說出姓名，說明事情經過，中心會為你介紹律師，如和黑道無關，他們仍會為你介紹，這對初次商談的人來說是最適合的。

女性律師是女性救星嗎？

因為離婚問題而找調解委會員會交涉，結果談不攏，對方說要請律師打官司，那女性是不是找女律師比較有利？

祕訣——溝通為成功之本

因為男女想法無法完全一樣，所以有時找女律師會比較容易溝通，例如女性離婚的理由，除非是女律師，否則常會有難以理解的部分。

其實，夫妻之間的性行為會鬧成強暴罪這樣的問題，老實說，男人是很難了解的，大部分的男性認為女性最近受到媒體的影響，因而有許多人誤認為女性對於性行為興緻盎然，這些人怎麼可能了解「強迫妻子性交」會犯了強暴罪。

包括委託人的性別在內，是什麼樣的案件，成為選擇律師的一大關鍵，選擇容易溝通的人，正是選律師的要訣。但大部分的委託人根本不考慮這樣的因素，很多人在選律師時，會單以「對方是大律師，一定會打贏官司」的理由做決定，卻忽略了律師與委託人之間投不投緣，也是非常重要的因素。

假如你無法好好傳達自己苦於何種問題，希望律師怎麼做，當然無法獲得圓滿的解決。如果是離婚訴訟，由於委託律師只為你辦理與丈夫的金錢交涉，因此會使你在眾人心中留下「專門提出金錢要求」的守財奴印象。你到底希望問題如何解決？除非能正確將你的意思傳遞給律師，否則付出了昂貴的費用將毫無意義。除了尋求可以好好溝通的律師之外，還要有「律師有各種類型」的認知。

在有名的律師中，有些人會對委託人擺出高高在上的姿態，他的口頭禪是：「到底要多少錢？你的底限是什麼？日本離婚的行情是三百萬日圓。」你向這樣的律師說「這不是錢的問題」，他會說：「什麼？不是錢的問題？那你打什麼官司！」

說來遺憾，有的律師不做沒有賺頭的工作，所以凡是與黑道有關的麻煩或刑事案件都敬而遠之，只挑有賺頭的遺產繼承或損害賠償等委託案。

令人心跳的律師費

一九九八年發生的和歌山保險金詐欺事件，被告林真須美請了多位律師，一個律師的費用就很高了，她竟一口氣請了好幾個！請律師的費用有什麼標準？

祕訣——費用要說清楚講明白

請律師時，心中不安的原因之一，就是費用昂貴。換成是找醫生，因為有健保制度，所以對方不可能獅子大開口，可以放心。至於律師費有沒有標準，一般人並不清楚。當然，雖然不是公定價格，但還是有某種標準，所以現實中獅子大開口的律師並不多，可是不怕一萬，只怕萬一，一開始就講明費用，委託者才能放心。

在初次商談階段，請對方提出估價單即可，日本人比較不擅長談錢，可是與其日後一直擔心律師費，不如一開始就先請對方開出估價單，如果覺得太高，可以再交涉，如果實在付不起，索性換個律師。這時的要點是，律師的選擇權操之在我。

律師種類也很多，萬一心想「我和這個律師合不來」，就立刻換人，另外找其他律師或許比較划得來。不論對方是多麼有名的律師，如果是不合己意的人，有時甚至會成為負擔。當你被捲入需要律師的麻煩時，如果和律師合不來，心理負擔會加倍。

選律師還有另一個要點：凡是檢察官或警局出身的律師，等於是雙刀。

為什麼委託人會委託他們呢？原因是想借助他們取得檢方、警察的情報，因為了解當局的手法，說不定還可以扮演司法黃牛，而他們本身也充分了解委託人對他們有何要求。

但現在你要仔細想想，為什麼從檢察官或警察崗位退休下來的律師，會變成稀有價值而繼續存在呢？這不外乎因為他們能繼續與檢察官或警察保持人際關係所致。這麼說來，委託人方面的資訊，也有可能被洩露給檢察官或警察。

這時不妨想想在李克列特事件中，成為過來人的我。包括案件、狀況、投緣或金錢等問題，選律師有幾個要點，你應該冷靜判斷個別的優缺點來選擇律師，才是致勝之道。

本書是為了這些朋友而寫——凡是有心成為自由工作者，或是正朝著專業電腦自由工作者方向努力的朋友，可能是位程式設計師、系統分析師、電腦顧問、系統工程師、網路專家、電腦排版工作者、電腦繪圖設計師、軟硬體供應商，或者是其他與電腦相關的服務者。本書作者將以自身經驗提供你專業實用的資訊，有心成為電腦SOHO者，切勿錯過本書！

◎ **打開視窗說亮話**

工商企管系列008

作者：理查・羅修

譯者：熊家利、周秀玲

定價：220元

經濟再景氣，還是有人倒閉！

經濟不景氣，還是有人大發利市！

所以，你還在以經濟不景氣爲藉口嗎？

本書作者曾擔任日本NHK及東京電視台財經節目主播，負責剖析全球經濟情勢，並同時從事專欄寫作、巡迴演講等，為日本極負盛名之財經顧問及經濟評論家。其以多年來對經濟的獨到觀察與研究，徹底為您剖析日本百業如何於泡沫經濟下起死回生，打破所謂企業倒閉是因為經濟不景氣的迷思！

◎ **七大狂銷戰略**

工商企管系列009

作者：西村 晃

譯者；陳匡民

定價：220元

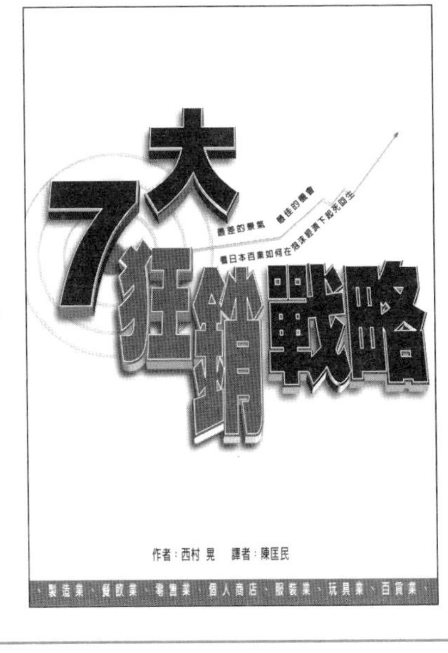

挑戰
極限
200個企業起死回生成功實例

SOHO工作叢書系列

SOHO（Small Office ,Home Office ）～一種向傳統職場挑戰的新工作方式；一個向自我宣誓自由的新工作理念。這是一股擋不住的浪潮，將襲捲全球整個就業市場。

資金籌措調度　人脈尋找累積　專業實力培養

SOHO～YOHO工作叢書系列為您提供各行各業成為SOHO族的有效準備秘訣和問題解答，教您輕輕鬆鬆在家工作，自在生活。

◎ 二十一世紀新工作浪潮
工商企管系列001
作者：廖淑鈴
定價：200元

21世紀的人們，不再為了工作而工作，而是為自己、為生活、為個人志向而工作。本書特別深入介紹各種SOHO的工作型態及此族群在台灣的現況發展，有心走入SOHO工作生涯的人不可錯過！

◎ 美術工作者設計生涯轉轉彎
工商企管系列003
作者：范寶蓮
定價：200元

美術SOHO屬於創意型的專業，他們的入門、準備、心酸與甘苦，皆能於本書獲得解答，想要一窺美術SOHO堂奧的您，趕快翻開本書吧！

◎ 攝影工作者快門生涯轉轉彎
工商企管系列004
作者：林碧雲
定價：200元

這是一本綜合過來人的經驗及客觀的建議，為您透析各類「攝影工作者」實際甘苦的書，讓您做好周全的準備，暢遊SOHO快意人生。

◎ 企劃工作者動腦生涯轉轉彎
工商企管系列005
作者：林書玉
定價：220元

企劃，就是出賣點子的人！賣點子的人又該怎樣為自己出點子，該怎樣突破事業瓶頸，化危機為轉機？別擔心，只要翻開本書，您就能獲得充份的解答。

◎ 電腦工作者滑鼠生涯轉轉彎
工商企管系列006
作者：王潔予
定價：200元

會電腦的人有很多，但懂得用電腦賺錢的人卻不多。本書不但教你如何用電腦賺錢，更教你如何用電腦賺得自由與夢想，有夢的你不要錯過！

黛安娜傳（1999年完整修訂版）

PRINCESS OF WALES

附黛安娜王妃珍貴彩照80幀

作　者：安德魯・莫頓
定　價：360元

「這是本現代經典之作，該書甚至對主人翁本身也產生重大的影響。」——
大衛・撒克斯頓，倫敦標準晚報

黛安娜～一顆璀燦的威爾斯之星，她的風采與隕落，帶給世人多少的驚歎與欷歔。黛妃從1981年與英國王儲查理王子結縭，到1997年8月31日車禍身亡，十七年的時光裏，她一直是世人目光的焦點。在黛妃的一生中，嫁入皇室是榮耀的開始，卻也是寂寞宿命的起始。本書主要描述三個主題：黛安娜的貪食症、自殺傾向以及查理王子跟卡蜜拉之間的關係，徹底揭露黛妃長期於虛偽的皇室中以及在媒體偷窺追逐的壓力下，如何尋找自信與追求自我價值的真實動人歷程，為作者安德魯・莫頓最膾炙人口的一本著作。

安德魯・莫頓曾創造了許多暢銷書，並且獲頒許多獎項，其中包括年度最佳作者獎及年度最佳新聞工作者獎等。本書更為所有介紹黛妃的著作中，唯一詳實記載黛妃受訪內容的一本傳記書籍，其訪談深入黛妃的內心世界，是為黛妃璀燦卻又悲劇性短暫的一生完整全記錄。值此黛妃逝世兩週年之時，讓我們重新認識她那不被世人所了解的一生，領會其獨一無二的風采與智慧。

黛安娜

最後的一場約會

巴黎車禍唯一倖存者的告白

The Bodyguard's Story--Diana, the Crash, and the Sole Survivor

作　者：特夫・李斯瓊斯
譯　者：劉世平
定　價：360元

黛安娜的婚姻與愛情故事始終是群眾追逐的焦點，但1997年8月31日的夜裡，這位讓全世界鎂光燈瘋狂的王妃，卻因車禍在巴黎喪生，而圍繞在黛妃意外喪生的疑雲卻始終為世人所難解。但奇蹟似地走過鬼門關的保鏢——特夫・李斯瓊斯，是唯一目睹車禍發生的倖存者，更是黛妃生前沈醉於短暫愛情中的貼身保鏢，透過他的親身描述，我們將可瞭解黛安娜這段異國之戀的始末，及車禍發生的前因後果。

本書所有情節，皆出自於特夫・李斯瓊斯在巴黎車禍後，經過其家人、同事、醫護人員、律師們及自己殘存片段記憶中，整理出來的事實。本書主要的描述主題為：黛安娜與多迪戀情發展的始末、巴黎車禍發生的前因後果、特夫・李斯瓊斯反駁穆罕默德・法耶德陰謀論的真實告白及特夫歷劫歸來後的復健歷程。本書是唯一詳實記載黛妃生前沉醉愛河、和多迪發展異國戀曲之緣由，及為何多迪之後改由導致車禍發生的司機保羅開車等細節內幕，皆由當時多迪的貼身保鏢特夫一一描述事實經過，也是黛妃即將結束短暫璀燦生命前的完整記實。

值此黛妃逝世三週年之時，讓我們以特夫在書中所陳述的事實，在對巴黎車禍喪生的黛安娜懷以不捨與欷歔的同時，也為此世紀悲劇事件劃下最後的句點。

行動管理百科001
30分鐘教你 提昇溝通技巧
30 Minutes ——
To Boost Your Communication Skills
工商企管系列 011
作 者：
伊莉莎白・蒂爾妮
定 價：110元

你曾有過舌頭打結的經驗嗎？你想讓人了解你的想法卻辭不達意嗎？你必須寫一封重要的商務信函嗎？有了這本30分鐘教你提昇溝通技巧，不管是書面或是口頭溝通的技巧，短短30分鐘之內，讓你的表現令人耳目一新。

本書囊括了實際的經驗和專業的建議，深入淺出地告訴你如何暢所欲言、如何寫出引人入勝的內容，以簡潔且具說服力的方式在短時間內提昇你的溝通能力，是需要加強溝通技巧人士必備的一本書，更是每個從事商務活動者所必讀的一本書。

伊莉莎白・蒂爾妮在美國及愛爾蘭等地專任企業再造訓練及策略顧問，著有《商業道德》一書。

行動管理百科002　30分鐘教你 自我腦內革命

30 Minutes——To Brainstorm Great Ideas

工商企管系列　012

作　者：艾倫・巴克

定　價：110元

你是否苦無靈感？你的創意是否已枯竭？任何組織的成長關鍵在於創新的點子，這本實用的指南提供你激發妙點子的入門與訣竅。

30分鐘教你自我腦內革命，這本隨身指南讓你能一次又一次想出絕佳點子。它將教你開發創意的習慣：

●建立新思維連線　●隨時創造出發點　●腦力激盪小組

這本淺顯易懂的書，是由溝通、創意專家艾倫・巴克以其專業與實務經驗，告訴你如何在工作、生活中，自我腦內革命、激發靈感創意，這是每個希望想出驚人點子的人所必讀的一本書。

艾倫・巴克目前擔任溝通和創意顧問，並著有《如何做出更好的決策》、《如何讓會議更出色》和《會議前的半小時》等著作。

行動管理百科003　30分鐘教你 樹立優質形象

30 Minutes——To Make the Right Impression

工商企管系列　013

作　者：艾莉・山普森

定　價：110元

你今天的穿著替你透露出什麼樣的訊息？你的外表是否影響到你的事業？在職場上、會議裡、求職面試中，塑造適當的形象對事業的成功絕對具有決定性的影響。透過本書只需短短30分鐘，你就能找出提昇成功機率的方法。

形象管理權威艾莉・山普森將告訴你，如何讓你的外表與自我表現發揮最大的效用。這本充滿專業建言的30分鐘教你樹立優質形象，將為你帶來攀登事業階梯所需的自信。

形象管理顧問艾莉・山普森，以專精管理開創形象而著名。她結合自己的設計師背景與管理經驗，創立正面形象公司，長年客戶包括了摩根史坦利公司、倫敦泰晤士報等世界級知名機構，她同時也是《形象因素》一書的作者。

行動管理百科004　30分鐘教你　錢多事少離家近

30 Minutes——To Prepare a Job Application

工商企管系列　014

作　者：瓊・萊絲

定　價：110元

你要開始啟程了嗎?那麼準備一份完美的履歷表或應徵函是首要的步驟。這本實用的30分鐘教你錢多事少離家近，將提供你專家的建議與想法。其中包括：

●如何寫好履歷表 ●如何著重你的相關技能

●如何推銷你自己 ●該遵循的應徵步驟

透過本書作者的建議，你可依照書中所介紹履歷表的形式、內容，寫出一份充滿個人風格且出色的履歷表，讓你在30分鐘之內便能獲得雇主青睞而受到雇用。

瓊・萊絲以各知名企業負責面談主管與眾多順利謀職成功者，在面試時的範例為基礎，幫助你提綱挈領抓住應徵職務時的訣竅，她亦是《應徵前30分鐘》及《把出版與書籍行銷成為終身事業》等書的作者。

行動管理百科005　30分鐘教你　創造自我價值

30 Minutes——To Boost Your Self-esteem

工商企管系列　015

作　者：派翠西亞・克萊賀恩

定　價：110元

●你正面臨工作中的新挑戰？

●你願意將你的事業發展導入正軌？

●你能充滿自信地面對任何困境？

只要30分鐘，這本30分鐘教你　創造自我價值就能以實用的祕訣及誠懇的建議，幫助你激發自信及創造另一種自我價值。同時，本書也將告訴你，激發自信能為你帶來什麼益處。另外，作者還提供讀者勵志小語，做為您每天的活力泉源。

派翠西亞・克萊賀恩（Patricia Cleghorn）是蘭花國際機構及自信力公司的負責人，蘭花國際機構是一所專為個人生涯規畫及大型機構員工、團體提供訓練之知名單位，而自信力公司則經常公開舉辦相關課程之成長營及研討會。她同時也是另一部暢銷書《提昇自信的秘訣》的作者。

行動管理百科006　30分鐘教你　Smart解決難題

30 Minutes——To Solve That Problem

工商企管系列　016

作　者：麥可・史帝文斯

定　價：110元

解決問題是我們日常生活最常碰到的活動，舉凡如何發動熄火的車子、如何解決客戶的抱怨等等，所謂的解決問題就是如何讓我們從A點達到B點。

麥可・史帝文斯簡明扼要地指出，只要了解自己的思想在解決問題時的運作狀況，便能改進自我解決問題的技巧。本書將告訴你一些很有用的方式，只要花半小時，你便可以善用自己解決問題的天性，不論個人或事業的目標為何，讓你個人解決問題技巧能有效發揮，亦讓你所投注的心力能很快地得到回饋。

麥可・史帝文斯是個自由作家，其著作橫跨各種不同專業領域，其著作包含《如何提昇你在台上的表達力》及《如何成為一個難題終結者》等書。

行動管理百科007　30分鐘教你　如何激勵部屬

30 Minutes——To Motivate Your Staff

工商企管系列　017

作　者：派翠克・佛西斯

定　價：110元

在今日各行業中，光靠指揮部屬做事已不再是永續經營的條件，員工們也期望了解自己在競爭激烈的職務上，需要面臨的挑戰與變化。如何激勵部屬，早已成為今日各階層管理者的重要技巧，成功的管理者都該懂得如何激勵部屬。

著名的領導管理顧問派翠克・佛西斯指出，激勵的工作並非難事，並舉出幾項準則：

●激勵的重要性　●會產生何種回應

●運用整個過程，創造出所需要的激勵方向

本書以清楚而實際的方式，說明管理者應如何激勵部屬士氣，藉以產生最好的工作成果，進而對組織產生碩大的效益。

派翠克・佛西斯是名領導管理顧問及訓練師，同時也是一系列商業叢書的作者，其著作包括《增進銷售的101種方式》、《如何寫出更完美的提案和報告》、《三十分鐘系列叢書之30分鐘擬好報告》，和同系列的《上台介紹前30分鐘》等書。

行動管理百科008　30分鐘教你 掌握優勢談判

30 Minutes——To Negotiate a Better Deal

工商企管系列　018

作　者：布萊恩・芬奇

定　價：110元

想不想加薪？接觸新客戶讓你沒有把握？你是否覺得你老是讓自己付出比收穫？

給我30分鐘，讓你從此無憂！

對多數人來說，溝通技巧並非與生俱來的，而是需要有效的訓練。這本30分鐘教你 掌握優勢談判，可以告訴你：

●如何在會議中掌握主導權

●如何從對手的弱點著手從事有益我方的協商

●如何做一些事前準備工作，以便確保談判溝通勝利。

這本充滿極易執行的技巧及輕鬆上手的導引，可使您在任何談判上都佔上風。

布萊恩・芬奇先生是一位知名的商務談判顧問，也是連鎖便利商店的總裁。他同時也是《30分鐘完成生意計畫》、《實現個人創業計畫的25種方式》的作者。

行動管理百科009　30分鐘教你 如何快速致富

30 Minutes——To Make Yourself Richer

工商企管系列　019

作　者：妮琪・郤斯沃爾斯

定　價：110元

這是一本教你如何快速致富的書，而不是告訴您如何成為富翁。不是每個人都可以成為百萬富翁，但只要遵循以下幾項金律，我們每個人都可以過得更為富裕。

●決定讓自己更有錢●對金錢採取正面的觀念

●採行預防措施●不做失敗者，永遠要求條件最好的交易

本書是綜合多位理財專家的建議及不輕易示人的秘訣，教導你如何讓手中的金錢發揮最大的功用。凡是有興趣讓自己更加有錢的人，都應讀這本書。

妮琪・郤斯沃爾斯是一名極具知名的財經專欄作家與節目主持人，擁有多年報導及撰寫有關財經議題的專業經驗，她同時寫有《你的第一個房子》、《報稅自己來：如何讓你把稅退回來》、《購買海外房地產》、《你的錢》、《如何保證賺錢的絕妙創意》及《個人理財入門》等著作。

訂購本公司出版品辦法：

●請向全國鄰近之各大書局選購

●利用郵政劃撥（註明欲購書名）

劃撥帳號：14050529　　　　戶名：大都會文化事業有限公司

地　　址：台北市信義區基隆路一段432號 4 樓之9

●利用信用卡訂購者，請使用本公司書中所附之信用卡專用訂購單或與本公司讀者服務部聯絡。

讀者服務熱線：（02）27235216（代表號） 傳真：（02）27235220（24小時）

E-Mail：metro@ms21.hinet.net

團體訂購，另有優惠！！

請沿虛線剪下，對折裝訂後寄回

北區郵政管理局
登記証北台字第9125號
免　貼　郵　票

大都會文化事業有限公司
讀者服務部　收

110 台北市基隆路一段432號4樓之9

寄回這張服務卡(免貼郵票)
您可以
◎ 不定期收到最新出版訊息
◎ 參加各項回饋優惠活動

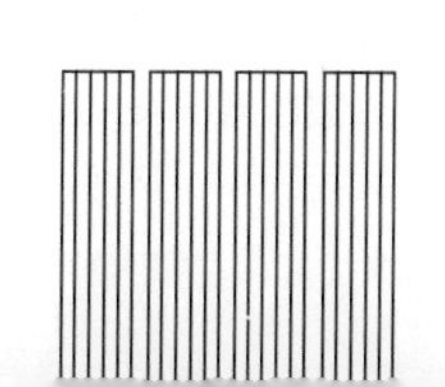

請沿虛線剪下，對折裝訂後寄回

大旗出版品目錄

系列	書號	書名	作者	譯者	定價
工商企管	CM001	二十一世紀新工作浪潮	廖淑鈴		200
〃	CM003	美術工作者設計生涯轉轉彎	范寶蓮		200
〃	CM004	攝影工作者快門生涯轉轉彎	林碧雲		200
〃	CM005	企劃工作者動腦生涯轉轉彎	林書玉		220
〃	CM006	電腦工作者滑鼠生涯轉轉彎	王潔予		200
〃	CM008	打開視窗說亮話	理查・羅修	熊家利、周秀玲	200
〃	CM009	七大狂銷戰略	西村 晃	陳匡民	220
〃	CM010	挑戰極限	三浦 進	唐一寧	320
〃	CM011	30分鐘教你 提昇溝通技巧	伊莉莎白・蒂爾妮	林欣頤	110
〃	CM012	30分鐘教你 自我腦內革命	艾倫・巴克	林詩涵	110
〃	CM013	30分鐘教你 樹立優質形象	艾莉・山普森	林欣頤	110
〃	CM014	30分鐘教你 錢多事少離家近	瓊・萊絲	楊淑女	110
〃	CM015	30分鐘教你 創造自我價值	派翠西亞・克萊賀恩	王潔予	110
〃	CM016	30分鐘教你 Smart解決難題	麥可・史帝文斯	周子瑜	110
〃	CM017	30分鐘教你 如何激勵部屬	派翠克・佛西斯	周欣妘	110
〃	CM018	30分鐘教你 掌握優勢談判	布萊恩・芬奇	周秀玲	110
〃	CM019	30分鐘教你 如何快速致富	妮琪・卻斯沃爾斯	周筱玲	110
〃	CM020	30分鐘系列 行動管理百科（001～009）（9本合購特價799元，另贈精裝布面行動管理手札）			
〃	CM021	化危機為轉機	田中辰巳	楊鴻儒	200
精緻生活	EL001	另類費洛蒙	蘇珊・羅賓	于雅玲	180
〃	EL002	女人窺心事	林書玉		120
〃	EL003	花落	林書玉		180
黛安娜系列	98003	黛安娜傳	安德魯・莫頓	陳琦郁	360
〃	98004	Diana最後的一場約會	特夫・李斯瓊斯	劉世平	360
City Mall	CT001	別懷疑！我就是馬克大夫	馬克・狄波里斯	周秀玲	200

大都會文化出版品目錄

系列	書號	書名	作者	定價
孩童安全系列	CS001	孩童完全自救手冊—爸爸媽媽不在家時！	王聖美 編	199
〃	CS002	孩童完全自救手冊—上學和放學途中！	〃	199
〃	CS003	孩童完全自救手冊—獨自出門	〃	199
〃	CS004	孩童完全自救手冊—急救方法	〃	199
〃	CS005	孩童完全自救手冊—急救方法與危機處理備忘錄	〃	199
發現大師系列	GB001	印象花園—梵谷	沈怡君 編	160
〃	GB002	印象花園—莫內	〃	160
〃	GB003	印象花園—高更	〃	160
〃	GB004	印象花園—竇加	〃	160
〃	GB005	印象花園—雷諾瓦	〃	160
〃	GB006	印象花園—大衛	〃	160
黛安娜系列	98001	皇室的傲慢與偏見	安德魯・莫頓	360
〃	98002	現代灰姑娘	高小雯	199

大都會文化　信用卡專用訂購單

姓　　名：　　　　　　　　性別：□男　□女

身份證字號：　　　　　　　生日：　年　月　日

寄書地址：　　　　　　　　（請填白天有人收件之地址）

發票抬頭：　　　　　　　　統一編號：

電　　話：（H）　　　（O）　　　傳真：

訂購產品：

（請填入書名或書號均可）

總　　計：新台幣　　　　元整

信用卡別：□VISA　□MASTER　□AE　□JCB　□聯合

信用卡號：　　　　　　　　發卡銀行：

有效期限：　　　　　　　　訂購日期：

持卡人簽名：　　　　　　　（與卡片背面簽名一致）

以下由本公司填寫：

商品代號：

授權號碼：

請沿虛線剪下放大傳真至（02）27235220或直接對摺黏貼投入郵筒（免貼郵票）即可

北區郵政管理局
登記証北台字第9125號
免　貼　郵　票

大都會文化事業有限公司
讀者服務部　收

110 台北市基隆路一段432號4樓之9

請沿虛線剪下，對折裝訂後寄回

大旗出版・大都會文化　　讀者服務卡

書號：CM021　化危機為轉機 ——上班族職場攻守策略

謝謝您選擇了這本書，我們真的很珍惜這樣的奇妙緣份。期待您的參與，讓我們有更多聯繫與互動的機會。

讀者資料

姓名：＿＿＿＿＿＿＿＿＿＿ 性別：□男　□女

身份證字號：＿＿＿＿＿＿＿＿ 生日：　年　月　日

年齡：□20歲以下　□21—25歲　□26—30歲　□31—35歲　□41歲以上

職業：□軍公教　□自由業　□服務業　□買賣業　□家管　□學生　□其他

學歷：□高中／高職　□大學／大專　□研究所以上　□其他

通訊地址：

電話：（H）　　（O）　　傳真：

E-Mail：

※ 您是我們的知音，往後您直接向本公司訂購（含新書）將可享八折優惠。

您在何時購得本書：　年　月　日

您在何處購得本書：

□書展　□郵購　□（　　）書店　□書報攤　□（　　）便利商店　□（　　）量販店　□其他 ＿＿＿＿＿＿。

您在哪裡得知本書：（可複選）

□書店　□廣告　□朋友介紹　□報章雜誌簡介　□書評推薦　□書籤宣傳品　□電台媒體等

您喜歡本書的：（可複選）

□內容題材　□字體大小　□翻譯文筆　□封面設計　□價格合理

您希望我們為您出版哪類書籍：（可複選）

□科幻推理　□史哲類　□傳記　□藝術音樂　□財經企管　□電影小說

□散文小品　□生活休閒　□旅遊　□語言教材（＿＿語）□其他

您的建議：＿＿＿＿＿＿＿＿＿＿＿＿＿＿＿＿＿＿＿＿

＿＿＿＿＿＿＿＿＿＿＿＿＿＿＿＿＿＿＿＿＿＿＿＿＿

＿＿＿＿＿＿＿＿＿＿＿＿＿＿＿＿＿＿＿＿＿＿＿＿＿

化危機爲轉機——上班族職場攻守策略

作　　者：田中辰巳
譯　　者：楊鴻儒
發 行 人：林敬彬
企劃編輯：蔡郁芬
執行編輯：鄭　浩
美術編輯：鄭蕙靜
封面設計：鄭蕙靜

出　　版：大旗出版社　　局版北市業字第1688號
發　　行：大都會文化事業有限公司
台北市基隆路一段432號4樓之9
電話：（02）27235216　傳真：（02）27235220
e－mail：metro @ ms21.hinet.net
郵政劃撥：14050529 大都會文化事業有限公司
出版日期：2000年10月
定　　價：200元

ISBN：957-8219-22-9
書　　號：CM021

KIKI NI AIYASUIHITO NO SHINRI TO KAIHI-JUTSU
By Tatsumi Tanaka

國家圖書館出版品預行編目資料

化危機為轉機：上班族職場攻守策略／田中辰巳作；
楊鴻儒譯．——台北市：大旗出版：大都會發行，2000〔民89〕
面；　　公分

ISBN 957—8219—22—9（平裝）

1.危機管理　2.職場成功法

494.35　　89009211